多粒子系の量子力学から構築する

新しい
統 計 力 学

佐宗 哲郎
Saso Tetsuro

風詠社

はじめに

統計力学の教科書はたくさんある．そこに，もう 1 冊付け加えようとするのは，それなりに勇気と理由がないとできない．本書は，「**多粒子系の量子力学から直接量子統計力学を導き出す**」ことを目指す．

　統計力学とは，物理学の中でも不思議な科目である．公式に従って計算すれば，実験を見事に説明する．統計力学では，その基礎になる古典および量子力学が確立している．にもかかわらず，たくさんの粒子に対する力学である「(量子) 統計力学」の基礎付けは，いまだにきちんとできているとは言いがたい．

　さらに，統計力学は，量子力学の土台の上に立って初めて明確なものになる．ところが，多くの教科書では，はじめに古典統計力学を説明し，あとでそれを量子系に適用する．多くの大学では，統計力学と量子力学は同時進行で学ぶことが多いので，古典統計力学から始めるのは仕方がない面もある．しかし，いまや，これは適当ではなかろう．統計力学は，量子力学に則って初めて正しく定式化できるものなのである．

　そこで，本書は，統計力学の基礎付けの部分を，**多粒子系の量子力学から出発して，自然に量子統計力学を導き出す記述法を採用した．これが本書の最大の特色である．**もちろん，そのようなことは簡単ではないので，若干の仮定を用いているところはある．ただし，本書の記述は，全く新しいというものではなく，いくつかの既存の教科書に少しずつばらばらに書かれていることを集めて，統一的に記述したものである．

　量子力学がこれだけ成功を収めているいま，昔ながらの，まず古典統計力学を説明して，その後でそれを量子系に適用する，というやり方は，いずれ消滅することであろう．(ただし，古典統計力学も，それはそれで有用である．そこで，古典統計力学も，量子統計力学と対比させる形で，いくつかの例を含めてある．)

　さて，本書では，はじめから量子力学を必要とするので，量子力学のごく基

本的な事柄を，第3章で説明してある．ここで問題になることがある．もしも量子力学が完璧に正しいものならば，宇宙全体の波動関数（こんな言葉を使ってよいかどうかは十分に気をつけなければならないが）があって，それですべてが記述できるはずで，「量子統計力学」もそこから導き出すことができるはずではないか，という疑問である．これは昔からよく問題になった点だが，そんなことは夢物語で，所詮は対象にしている小さな系を考えるしかなく，そのまわりからの雑音によって統計性が入ってくるのだ，と考えることも多い．

二つ目の疑問は，量子力学では，波動関数 $\psi(x)$ の2乗 $|\psi(x)|^2$ が，「観測」または「測定」を行ったときに，粒子を場所 x に見いだす「確率」を表すことに関わる．このとき粒子の位置は確定するので，波動関数はその位置に「収縮する」ことになっている．これが，いまだに議論の絶えない，「観測の問題」，「波束の収縮の問題」である．そのうえ，「観測者」とは人間であったり，測定装置であったりするが，量子力学の理論の外側にそのようなものを仮定するのは，いかにも納得がいかない．そしてこのように，量子力学には常に「確率」が付随している．このことと，統計力学で用いる「確率」とはどういう関係になっているのだろうか．

最後に，「時間の一方向性」の問題．なぜ時間は過去から未来に向かって進むのか．これも，昔からいろいろと議論されてきた問題だ．

これらの問題は，多粒子系の量子力学と，「そこから出てくる」量子統計力学を使えば，すっきりと理解できる．それをコンパクトに，かつ，系統的に，わかりやすく解説している統計力学の教科書を，筆者は見たことがない．その理由は，量子統計力学のすべてを量子力学から導き出すことは，簡単ではないからだ．それでも，この本では，（細部の厳密性を多少犠牲にして）**すべてを量子力学から一貫して導出する，統一した記述を行った．**と同時に，「観測の問題」のような，量子力学の根幹にかかわる問題についても，量子統計力学の立場から説明を与える．なぜなら，量子力学と量子統計力学は，表裏一体のものだからである．

よって，**この本は統計力学の教科書として書かれているが，量子力学に関する疑問を解く本でもある．すなわち，「量子力学は必然的に量子統計力学にならざるを得ない，したがって，量子論に基づいた統計力学（量子統計力学）は量子力学そのものである」という立場から書かれている．**といっても，本書は統計力学の教科書であるから，統計力学に関する記述が中心であることは言うま

でもない.

　通常，量子力学と統計力学は，別々の科目として教えられる．1粒子または少数粒子についての古典力学および量子力学を学んだ後に，古典統計力学は，古典力学に従う多粒子系を，量子統計力学は，量子力学に従う多粒子系を，それぞれ統計性の仮定（エルゴード性と等重率の原理）の下に扱う学問であるとされている（ただし，多くの場合，理想気体のような，粒子間に相互作用のない系などの，簡単な例題を扱う．相互作用がある場合には，正確に解ける場合が少ないので，近似的な方法のみを学ぶことが多い）．しかし，量子力学の成立時の経過から見ても，プランクの黒体輻射やアインシュタインの固体の比熱の理論は，量子統計力学そのものであった．

　また，通常の量子力学の解釈における「観測の問題」の悩みを解消するには，1個や2個の粒子の系の量子力学ではなく，たくさんの粒子の量子力学を考えなくてはならず，さらに，「全体」の中に埋め込まれた**「部分系」**の量子力学を考えなくてはならない．「部分系」は「外界」に取り囲まれている．観測とは，外界から部分系に接触することなしには行えないからである．このように，**「部分系」が「外界」と接触しているとき，自然に，部分系を「量子統計力学」として扱うことになることを示す．**

　統計力学の側から見ても，その定式化には，冒頭に述べたように，古典力学から出発するよりも，はじめから量子統計力学として定式化する方がはるかにすっきりしている．そして，統計力学は，マクロな系の性質を記述する学問だが，ミクロな力学に統計性の仮定を入れることにより，できるだけ自然に導かれるものであってほしい．（ただし，統計力学は，マクロな理論の典型である熱力学と不可分の関係にあり，統計力学の基礎付けを熱力学に負うている部分があることにも注意しなければならない．）そのためには，出発点となる量子力学が，どこまで適用できるのかがはっきりしないと困る．物理学は自然科学であるから，アプリオリに量子力学が真理であるとは言えず，それが「自然と一致する限りにおいて正しい」としか言えない．

　しかし，現在の量子力学は，いまのところ，素粒子の世界から星の中の核反応まで，自然と矛盾するところはないようである[1]．量子力学の基本となる（非相対論的な場合の）シュレーディンガー方程式は，誰も「証明」はしていない[2]．

---

[1]重力理論との統合は実現していない．また，素粒子論も未完成だが，それは量子力学の問題ではなく，素粒子の模型の作り方の問題だと考えられる．

[2]ディラック方程式から導くことができる．しかし，ディラック方程式は，自然な式ではあるが，やはり，実験を説明できるから正しいのである．

実験と合うから正しいのである．それを認めれば，**量子統計力学の出発点は，「多粒子系の量子力学」にすぎず，基礎方程式 (多粒子系のシュレーディンガー方程式) はわかっている．** 単純に考えれば，そこから量子統計力学が自動的に導出されてほしいと思うのは自然な感情だろう．

そこで，量子力学は「全世界」（といっても，宇宙の端のことなど誰にもわからないので，せいぜい，人間が観測できる範囲）に適用できると認めて出発することにしよう．「全世界」が一つの波動関数で記述されているなら，われわれもその波動関数の一部である．通常の「観測の理論」では，われわれ「観測者」は，量子力学の対象とする「系」の外にいて，いわば「お茶を飲みながら」観測をしている．しかし，今度はそういうわけにいかない．「われわれ」も「全世界」の波動関数の中にいて，しかも，「観測」とは何かということに対してもすっきりとした解釈を与えなければならない．いまや科学は進歩して，ナノ・サイエンスや分子レベルの生命現象から，宇宙の大規模構造までを研究対象としている．そういうときにも困らないような，かつ，他分野の人にも理解できるような，基礎的な枠組みを用意しておきたい．

本書の構成

この本では，第 1 章の統計と確率の概念から始めて，第 2 章で熱力学の基礎をごく簡単に復習してから，マクスウェルの気体分子運動論で統計力学の準備運動をする．次に第 3 章で，1 粒子の系について，通常の量子力学と通常の確率解釈に関する最小限の説明をする．続いて，多粒子系の量子力学について最小限の説明を行う．この多粒子の系は，孤立系として扱うが，測定は，系の外から，有限の時間にわたって行われるので，**量子系における「時間平均」**についての議論を行う．

「時間平均」と「状態平均」の関係は，統計力学でしばしば問題になってきた．これまでは，十分長い時間がたてば，系はエネルギーの等しいすべての状態をまんべんなく通過する（エルゴード定理）ので，測定（時間平均）は，等エネルギーの状態に関する状態平均におき換えてよい，とされてきた．ところが，これまでの教科書の多くは，古典系に対する議論で，量子系における時間平均については，詳しい議論がほとんどない．そこで，量子系における時間平均についての意味と意義についての説明を行った．

その次に，多粒子の系を考え，「全世界」の中の**「部分系」の量子力学**についての考察を行う．そうすると，「全世界」の量子力学から出発して，**「部分系」が量子統計力学で記述できることが自然にわかる．** ここでは，**「密度行列」**と

いう概念と，**時間平均**が重要な役割を演ずる．また，全世界の量子力学における「観測者」と「観測」の意味についても説明した．

ただし，これらの事柄は，いまだに議論が続いている問題であって，本書の記述だけが正しいとは限らないかもしれない．統計力学を「使う」だけであれば，第3章は読まなくてもかまわない．

なお，物理学においては「階層構造」という概念があって，ミクロな世界（例えば素粒子）の法則がわかったからと言って，マクロな世界（例えば生物）の法則が自動的に出てくるわけではないと考えられている．原理的には可能でも，現実的には無理であると考えられている．階層（大きさやエネルギーの程度）が異なれば，それぞれに応じた最適な理論，あるいは最適な記述法があると考えられている．したがって，ミクロな物体の理論からマクロな物体に対する理論が完全に導出できなくとも，それは仕方がない，むしろ当然のことと考えられている．よって，多粒子系の量子力学から量子統計力学を導き，それからさらに，マクロな系の理論である熱力学を自動的に導き出す，というのは，それぞれ階層が異なるので，完全にはできなくとも無理はないと考えられる．それどころか，熱力学はマクロな系に対する理論として独立に構築されているので，熱力学から逆に量子統計力学の妥当性を担保しているところがある．

さて，ここまで来れば，後は標準的な統計力学の教科書と大きな違いはない．第4～6章で，小正準集合，正準集合，大正準集合という三つの統計集団を導入し，それらと熱力学との関係を明らかにする．それぞれの集合について，例題は標準的なものを採用している．それを補うために，章末に練習問題をつけておいた．略解は巻末に載せてある．ただし，「黒体輻射」についてだけは，やや詳しく述べた．それは，量子論の出発点でもあり，しかも，無意識のうちに量子統計力学を用いて有名な式が導出された．そのうえ，一般には「正準集合」の応用問題として教科書に書かれているが，実際には，「小正準集合」を用いて解かれたことは，あまり知られていない．そこで，その歴史的な経緯を簡潔に紹介しておいた．最後の第7章では，強磁性体の模型であるイジング模型を例にとって，相転移について説明をしている．記述はすべて，非相対論的な熱平衡状態の統計力学に限り，非平衡統計力学には触れなかった．

物理学は世界の理解を提供する学問であるべきであるというのが，物理学の勉強を志して以来の私の考えである．素粒子論や宇宙論だけが物理学の重要な科目なのではない．**量子統計力学こそが最も重要な，基礎的な枠組みを与える科目なのである**．本書により，量子力学と統計力学が単なる計算の手段ではな

く，両者が一体となって，この世界の整合的な記述を与えるものであることを示したかった．本書が，多少なりとも，われわれの住んでいる世界に関する合理的な思考の手助けになればうれしい．

なお，本書を講義の教科書として使用する場合には，正直なところ，15回の講義ですべて教えるには，やや分量が多いと思う．その場合は，熱力学の一部と組み合わせたり，章末問題を本文に回したりして，2学期かけて教えるか，または，統計力学の基礎付けの部分 (目次で*印が付いている節) や，各章の題材を少々削って，1学期で教えるのがよいと思う．

もう一つ注意をしておく．「比熱」と「熱容量」の用語の使い分けについてである．物質全体の熱容量であることが必要な箇所では「熱容量」の名称を用いたが，そのほかの場合は，たとえば粒子数 N をアボガドロ数にとればモル比熱になる．そのような場合，すべて「比熱」の用語を用いていることをお断りしておく．

最後に，本書は 2010 年に丸善より出版した「パリティ物理教科書シリーズ統計力学」を，特に第3章について大幅に改定したものであることをお断りしておく．

2019 年春

著　者

目 次

第1章 統計と確率   **1**

   1.1 統計と確率 1

   1.2 平均と分散   4

   1.3 二項分布 4

   章末問題 8

第2章 マクスウェルの気体分子運動論   **9**

   2.1 熱力学と熱平衡状態   9

   2.2 マクスウェルの気体分子運動論 10

   章末問題 13

第3章 量子力学から量子統計力学へ   **15**

   3.1 1粒子の量子力学 15

   3.2 多粒子系の量子力学   24

   3.3 *孤立した多粒子系の時間発展と時間平均 25

   3.4 *量子力学と観測者 29

   3.5 *部分系の量子力学と密度行列 31

   3.6 *密度行列と観測の理論 36

   章末問題 39

第4章 小正準集合とエントロピー   **41**

   4.1 等重率の仮定と小正準集合 41

   4.2 理想気体の状態数 43

   4.3 古典統計力学との対応 45

   4.4 ボルツマンのエントロピー 46

   4.5 熱力学におけるエントロピーとの関係 49

   4.6 エントロピーと知識 52

viii   はじめに

4.7	二つの系の熱的接触	. . . .	53
4.8	エントロピー増大則	. . . .	54
4.9	時間の矢	. . . .	55
4.10	理想気体	. . . .	56
4.11	2準位系	. . . .	57
章末問題		. . . .	59

第5章　正準集合と自由エネルギー　　　　　　　　　　　　　　　61

5.1	正準分布の導出	. . . .	61
5.2	熱力学との関係	. . . .	64
5.3	小正準集合との関係	. . . .	66
5.4	理想気体	. . . .	70
5.5	2準位系	. . . .	71
5.6	調和振動子	. . . .	72
5.7	黒体輻射	. . . .	74
	5.7.1　歴史的経緯	. . . .	74
	5.7.2　正準集合による輻射公式の導出	. . . .	83
5.8	アインシュタインによる固体の比熱の理論	. . . .	86
5.9	デバイによる固体の比熱の理論	. . . .	87
5.10	スピン常磁性	. . . .	91
章末問題		. . . .	93

第6章　大正準集合と量子統計　　　　　　　　　　　　　　　　　95

6.1	大正準集合とグランドポテンシャル	. . . . . .	95
6.2	同種粒子系の量子力学	. . . .	97
6.3	フェルミ統計とボース統計	. . . .	100
6.4	理想フェルミ気体	. . . .	103
6.5	金属の自由電子模型	. . . .	103
6.6	化学ポテンシャルの温度変化	. . . .	106
6.7	金属の電子比熱	. . . .	109
6.8	パウリの常磁性	. . . .	112
6.9	理想ボース気体のボース–アインシュタイン凝縮	. . . .	115
6.10	理想ボース気体の比熱	. . . .	118
6.11	液体 ^{4}He の超流動	. . . .	120
6.12	いろいろな原子気体のボース–アインシュタイン凝縮	. . . . .	121

はじめに ix

6.13	大正準集合による調和振動子の扱い	121
6.14	量子理想気体の古典極限	123
	章末問題	125

第 7 章 相互作用のある系と相転移の理論　127

7.1	相転移	127
7.2	磁性に関する相転移の模型	129
7.3	1 次元イジング模型	132
7.4	強磁性イジング模型に対する平均場近似	139
	7.4.1　平均場近似の導出	139
	7.4.2　帯磁率	143
	7.4.3　比熱	146
	7.4.4　自由エネルギー	148
7.5	相転移に関するギンツブルグ–ランダウの理論	152
7.6	相転移の臨界指数	156
7.7	臨界指数のスケーリング理論	157
	章末問題	160

付 録 A 数学公式　161

A.1	ガウス積分	161
A.2	ガンマ関数	161
A.3	スターリングの公式	162
A.4	d 次元球の体積	163
A.5	デルタ関数	164
A.6	フェルミ–ディラック統計に必要な積分	165
A.7	ボース–アインシュタイン統計に必要な積分	166

付 録 B 統計力学のまとめ　169

章末問題解答　173

参考文献　179

索 引　182

第1章　統計と確率

　　この章では，統計力学に必要な，最小限の「統計」と「確率」の概念，および，簡単だが重要な「二項分布」の性質について紹介する．

1.1　統計と確率

　　英国の政治学者・哲学者のジョン・ロック[1]は，「経験論」を説いたといわれる．すなわち，人間は経験によって物事に関する知見を得るのであるが，ただし，それだけでは決して物事の本質に迫ることはできない，というものである．一方，同じく英国のフランシス・ベーコン[2]は，「感覚および個々的なものから一般命題を引き出し，絶えず漸次的に上昇して，最後にもっとも普遍的なものに到達する．」（『ノヴム・オルガヌム』，岩波文庫）としている．

　　『広辞苑』（岩波書店）を引くと，「**統計**」とは「集団における個々の要素の分布を調べ，その集団の傾向・性質などを数量的に統一的に明らかにすること．また，その結果として得られた数値．」とある．ここで,「集団」とは二つの意味で使われる．サイコロを N 回振ったとする．正確につくられたサイコロは，1から 6 までのどの目が出る確率も 1/6 である．しかし，サイコロに細工をしたり，振り方を工夫したりすれば，必ずしもそうはならない．とにかく，その N 回振って出た N 個の「目」（数字）の「集団」，という場合と，N 人の人がいて，その人たちの身長の分布，つまり，身長が何 cm の人が何人ずついる，という分布を調べるとき，N 人の人の身長の数字の「集団」という場合とがある．前者は，やってみてはじめてわかるので時系列ともいうが，後者は，あらかじめ存在している．しかし，前者も，出た目を並べれば，存在している集団であるので，後者と同じものと見なせる．

　　ここで注意すべきことは，理想的なサイコロであっても，60 回振ったくらいでは，1 から 6 の目が，均等に 10 回ずつにはならない場合が多いということだ．

---

[1] John Locke (1632–1704)
[2] Francis Bacon (1561–1626)

ある目は9回だったり12回だったりもする．おそらく，6億回くらい振ると，それぞれ1億回ずつに近づき，違いは目立たなくなる．しかし，これは，あくまで，6億回振った結果の統計であって，「真実の法則」とはいえない，というのが，ロックの経験論の骨子である．60回から1億回に増やすことによって，統計が理想的なものに近づく，というのがベーコンの考えである．

　おなじく『広辞苑』には，「**確率**」とは，「ことがらの起きる確からしさを数量的に表したもの」とある．すなわち，「確率」とは，これから起こる事柄についての予測であり，それが常に正しいなら，その予測は，「正しい理論」ということになる．これがベーコンの言う普遍的なものである．しかし，それが正しいかどうか検証しようとしても，有限回しかできないから，いつまでたっても，完全に正しいかどうかの答えが出せない．

　これらは，哲学では，「認識論」の範疇に入る問題だが，もっとも精密な科学である物理学にとっても，大事な問題である．

　オーストリアの科学哲学者カール・ポパー[3]は，**ある「科学的な命題」が真実であるかどうかの判定基準は存在しない**，と見抜いた．それは，上記の，有限回の検証では完全な証明ができない，というのと同じ論法である．その代わりに，「**ある命題が科学的で『あり得る』ための条件**」を設定した．つまり，「完璧に正しい」とは決して証明はできないが，限りなく「科学的に正しい」命題になり得る条件が存在する，というのである．それは，「**反証可能性**」とよばれる．すなわち，「科学的に正しい命題」の候補になるためには，もし間違った命題である場合に，実験的に（または，適当な実行可能な操作で），否定され得る可能性を含んでいなければならない，ということである．

　たとえば，「理想的に作られたサイコロを多数回振れば，どの目の出る割合も，限りなく1/6に近づく」という命題は，実際にやってみて確かめることができる．1/6に近づかなければ，反証されたことになる．1/6にどんどん近づけば，完全に証明されたことにはならないが，真実性が増したことになる．このとき，1/6を真実と見なして，それを信じ，サイコロを使ったゲームを行っていくのだ．他方，「あなたは悪霊に取り付かれている」という命題は，正しいかどうか確かめようがないので，科学的な命題とはいえない（たとえば霊感商法など）．

　物理学も同様である．物理学は，これまでに人間が，実験・観測し得た範囲の事象を数式化したもので，「これまでのところ正しい」．しかし，20世紀の初めに量子論と相対論によって古典物理学が覆されたように，常に「反証」の余地は残されている（ただし，大部分の古典物理学は，その適用可能とされる条

---

[3]Sir Karl Raimund Popper (1902–1994)

1.1. 統計と確率

件の範囲内では，正しかったことが示されている）．

M 個の「サイコロの目」や「身長」などの一つ一つを，統計学では，「**事象**」とよび，そのとり得る値を離散的な N 個の値 $x_i(i = 1, \cdots, N)$ とする．変数 x が，値 x_i をとる場合の数を n_i 個とするとき，変数 x が値 x_i をとる確率は，

$$p_i = \frac{n_i}{M} \tag{1.1}$$

となる．

$$\sum_{i=1}^{N} n_i = M \tag{1.2}$$

であるから，

$$\sum_{i=1}^{N} p_i = 1 \tag{1.3}$$

が成り立つ．すなわち，確率はすべての場合について和をとると，1 になる．これを，確率は**規格化**されている，という．ただし，これらは，正確には，有限の M 回のデータについての統計にすぎない．p_i は確率分布ではなく統計分布とよぶべきである．

次に，M を十分大きくとった場合を考える．$M = 1$ 億回とすると，そのあと続けて 100 回サイコロ投げをして $M = 1$ 億 +100 回として分布関数 p_i を描き直しても，ほとんど変化がないであろう．つまり，よくできたサイコロならば，$p_i = 1/6$ $(i = 1, \cdots, 6)$ という統計分布は，少なくともポパーの意味では，予測可能性を獲得したわけである．そこで，多数回の事象を用意すれば，統計分布が必ず p_i となるような人工的な系を，**確率分布が p_i の統計集団**という．

x が連続な値をとることができるときには，x の連続関数としての**確率分布関数** $p(x)$ を導入する．x が $[x, x + \Delta x]$ の範囲の値をとる確率が，$p(x)\Delta x$ で与えられるものとする．$p(x)$ は単位長さあたりの確率なので，**確率密度関数**ともいう．規格化条件は，

$$\int p(x)\mathrm{d}x = 1 \tag{1.4}$$

となる．積分の範囲は，x のとり得る範囲である．

1.2 平均と分散

x のとり得る値が離散的な場合と連続的な場合で，それぞれ，

$$\langle x \rangle = \sum_{i=1}^{N} x_i p_i \tag{1.5}$$

$$\langle x \rangle = \int x p(x) \mathrm{d}x \tag{1.6}$$

により，**平均**（平均値ともいう）$\langle x \rangle$ を定義する．また，平均からのずれを表す量を**分散**とよび，

$$\sigma^2 = \sum_{i=1}^{N} (x_i - \langle x \rangle)^2 p_i = \langle (x - \langle x \rangle)^2 \rangle = \langle x^2 \rangle - \langle x \rangle^2 \tag{1.7}$$

$$\sigma^2 = \int (x - \langle x \rangle)^2 p(x)\mathrm{d}x = \langle (x - \langle x \rangle)^2 \rangle = \langle x^2 \rangle - \langle x \rangle^2 \tag{1.8}$$

で定義する．右辺最後の等式の証明は簡単である（章末問題）．$\sigma \equiv \sqrt{\sigma^2}$ は**標準偏差**といい，分布が平均からどれだけ広がっているかの目安となる．

サイコロでは，どの目が出る確率も等しく，つまらないので，よく使われる**ガウス分布関数**（**正規分布関数**ともいう）

$$p(x) = \frac{1}{\sqrt{2\pi}\sigma_0} e^{-(x-x_0)^2/2\sigma_0^2} \tag{1.9}$$

を用いて練習してみよう．x は連続変数とする．このとき，

$$\langle x \rangle = x_0 \tag{1.10}$$

$$\sigma^2 = \sigma_0^2 \tag{1.11}$$

となる (章末問題)．すなわち，x_0 が平均を表し，σ_0^2 が分散を表す．$\sigma_0 \equiv \sqrt{\sigma_0^2}$ が，平均からのずれを表す．

1.3 二項分布

確率分布のもう一つの例として，二項分布を考えよう．N 個の球があって，これを右と左の二つの箱に入れる．右に入れる確率も，左に入れる確率も，ともに $1/2$ であるとする．N 個の球を全部入れ終わったときに，左の箱に n 個，右の箱に $N-n$ 個入っている場合の確率 $P_N(n)$ を求める．これはただちに，

$$P_N(n) = \frac{N!}{n!(N-n)!}\left(\frac{1}{2}\right)^N \tag{1.12}$$

1.3. 二項分布

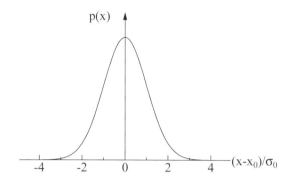

図 1.1: ガウス分布関数.

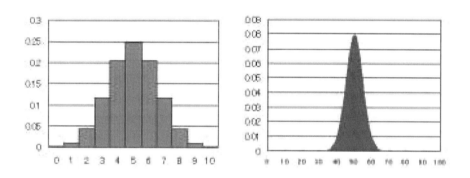

図 1.2: $N = 10$ と $N = 100$ の場合の二項分布関数 $P_N(n)$. 横軸は n.

と求まる．ここで，$(1/2)^N$ は，確率 $1/2$ の事象を N 回行ったための因子であり，その前の因子は，左の箱に n 個，右の箱に $N - n$ 個入っていれば，入れる順番は問わないので，N 個の球を n 個と $N - n$ 個とに分ける仕方の数である．

明らかに，平均的には，右と左に $N/2$ 個ずつ入るであろうから，左と右に入る数を，$n = N/2 + m$, $N - n = N/2 - m$ とおく．二つの式を足すと，$N = N$ となり，引くと，$2n - N = 2m$ となる．つまり，$m = n - N/2$ は左の箱の球の数と平均値 $N/2$ との差である．$N = 10$ と $N = 100$ の場合の $P_N(n)$ を，図 1.2 に示した.

$P_N(n)$ は，

$$P_N(n) = \frac{N! \left(\frac{1}{2}\right)^N}{\left(\frac{N}{2} + m\right)! \left(\frac{N}{2} - m\right)!} \tag{1.13}$$

と書ける．ここで，$P_N(n)$ の対数をとり，**スターリングの公式**の簡易形（付録A 参照）の対数をとった式

$$\log N! \simeq N \log N - N \tag{1.14}$$

を用いると，

$$
\begin{aligned}
\log P_N(n) &= \log N! - \log\left(\frac{N}{2}+m\right)! - \log\left(\frac{N}{2}-m\right)! + \log\left(\frac{1}{2}\right)^N \\
&\simeq N \log N - N - \left(\frac{N}{2}+m\right)\log\left(\frac{N}{2}+m\right) + \left(\frac{N}{2}+m\right) \\
&\quad - \left(\frac{N}{2}-2\right)\log\left(\frac{N}{2}-m\right) - \left(\frac{N}{2}-m\right) - N \log 2
\end{aligned}
\tag{1.15}
$$

となる．ここで，$|m| \ll N/2$ と仮定して，m/N の2次までテイラー展開すると，

$$\log P_N(n) \simeq -\frac{2m^2}{N} \tag{1.16}$$

を得る．標準偏差 σ を $\sigma = \sqrt{N}/2$ で定義し，m を変数とすると，

$$P_N(m) \simeq e^{-m^2/2\sigma^2} \tag{1.17}$$

と書ける．規格化すると，

$$P_N(m) \simeq \frac{1}{\sqrt{2\pi}\sigma} e^{-m^2/2\sigma^2} \tag{1.18}$$

というガウス分布関数となる（図 1.1）．ただし，中心が $n = N/2$ であるのに対して，標準偏差は $\sigma = \sqrt{N}/2$ であるので，その比は $\sqrt{N}/N = 1/\sqrt{N} \ll 1$ となる．すなわち，N が 10^{24} 程度のマクロな量であれば，ガウス分布の平均値 $N/2$ もマクロな量である．それに対して，σ で表されるガウス分布の幅は相対的に 10^{-12} 程度となり，**針のように細い分布となる**．

なお，スターリングの公式として，より精度のよい公式 $N! \simeq N^N e^{-N}\sqrt{2\pi N}$（付録 A）を用いて同様な計算を行うと，規格化因子まで含めて式 (1.18) が導出される（章末問題）．

ところで，式 (1.12) の中の，

$$W(n) \equiv \frac{N!}{n!(N-n)!} \tag{1.19}$$

1.3. 二項分布

は，左の箱に n 個入っているときの「場合の数」である．これが最大になる n はどこかというと，

$$
\begin{aligned}
\frac{\partial}{\partial n} \log W(n) \quad &\simeq \quad \frac{\partial}{\partial n}\left[(N \log N - N)\right. \\
&\qquad \left. - (n \log n - n) - ((N-n) \log(N-n) - (N-n))\right] \\
&= \quad -\log n + \log(N-n) = 0 \tag{1.20}
\end{aligned}
$$

より，$n = N/2$ を得る．これを $\log W(n)$ の近似式に代入すると，最大値として，$\log W_{\max} = N \log 2$ を得る．すなわち，

$$
W_{\max} = 2^N \tag{1.21}
$$

となるが，もともと，N 個の球を二つの箱に入れる配置の総数は $W_{\mathrm{tot}} = 2^N$ であったのだから，上の式は，そのすべてを占めてしまって，多すぎる．

そこで，より精度の高い公式 $N! \simeq N^N e^{-N} \sqrt{2\pi N}$ を用いて同様な計算を行うと，$n = N/2$ で $\log W(n)$ が最大になることは変わらないが，その最大値は，

$$
\log W_{\max} = N \log 2 + \frac{1}{2} \log \frac{2}{\pi N} \tag{1.22}
$$

となる．第 2 項は負であるので，最大値は，先ほどの計算より小さくなって，

$$
W_{\max} = 2^N \sqrt{\frac{2}{\pi N}} \tag{1.23}
$$

となる（章末問題）．配置の総数を $W_{\mathrm{tot}} = 2^N$ とすると，

$$
\begin{aligned}
\log W_{\mathrm{tot}} - \log W_{\max} \quad &= \quad N \log 2 - \left[N \log 2 + \frac{1}{2} \log \frac{2}{\pi N}\right] \\
&= \quad \frac{1}{2} \log \frac{\pi N}{2} \tag{1.24}
\end{aligned}
$$

であるが，$N \sim 10^{23}$ とすると，$\log W_{\mathrm{tot}} - \log W_{\max} \simeq 26.7$ となる．$\log W_{\mathrm{tot}} = N \log 2 = 10^{23} \times 0.693$ であるから 10^{23} 程度の大きな数である．それに対して，$\log W_{\max}$ は $\log W_{\mathrm{tot}}$ より 26.7 分の 1 小さいだけであるから，極大値 $W_{\max}$ は総数 W_{tot} の中の圧倒的大部分を占めていることになる．つまり，二つの箱に，それぞれ確率 1/2 で $N \sim 10^{23}$ 個程度の球を入れていくと，ちょうど $N/2$ 個ずつ入った場合が圧倒的大多数を占め，それ以外の配置は，ほんのわずか，ということになる．これは単純な例であるが，同様の機構が，統計力学における熱平衡状態を安定なものにしているのである．

8 第 1 章 統計と確率

章末問題

1. 式 (1.10), (1.11) を示せ.
2. より精度の高いスターリングの公式を用いることにより，規格化因子も含めて，式 (1.18) が導出できることを示せ.
3. 式 (1.23) を導出せよ.
4. $[-\infty, \infty]$ におけるローレンツ型関数 $f(x) = A/(x^2 + a^2)$ (a は定数，A は規格化定数) の規格化定数を定めよ．また，分散が無限大となることを示せ.
5. 体積 V の大きな箱の中に，体積 v の小さな箱がある．小さな箱には穴が開いていて，気体分子は大きな箱と行き来できる．箱には N 個の分子からなる気体が入っている.
6. 小さな箱の中の分子数が n である確率 $P(n)$ がポアソン分布

$$P(n) = e^{-\bar{n}} \frac{\bar{n}^n}{n!}, \qquad \bar{n} = \frac{Nv}{V}$$

で与えられることを示せ.
7. また，$n \gg 1$ のとき，$P(n) \propto \exp[-(n - \bar{n})^2/\bar{n}]$ とガウス分布になることを示せ.

第2章 マクスウェルの気体分子運動論

　　この章では，まず，統計力学の基礎となる，熱力学の簡単な復習をし，その後で，理想気体に関するマクスウェルの気体分子運動論を紹介する．マクスウェル[1]は電磁気学のマクスウェル方程式の導出で有名だが，統計力学でも重要な貢献をした．この章では，本格的な統計力学に入る前に，マクスウェルの気体分子運動論に関する論文[7]に従って，N 個の原子からなる単原子理想気体の速度分布を求めよう．**理想気体**とは，原子間の相互作用が無視できるような気体のことである．

2.1　熱力学と熱平衡状態

　本書は，物質の，熱平衡状態の統計力学のみを扱う．熱平衡状態については，適当な教科書[6]で学んでいることを前提とするが，簡単に説明しておこう．外力や外部の温度が時間変化しない状態で，物質を長時間放置すると，マクロな物理量（たとえば，気体であれば，温度 T，圧力 p など）が一定で時間変化しない状態になる．もちろん，非常に短い時間で見れば変動はあるが，通常われわれが観測する時間（たとえば 1 秒程度）では，あらゆる変数が一定となる．これを「**熱平衡状態**」という．

　マクロな変数は変化しないといっても，それは物質を構成している原子・分子までが動かなくなることではない．次節で扱う「理想気体」でも，気体を構成する原子自体は飛び回っている．しかし，熱平衡状態になっているときには，物質全体の性質を表すマクロな変数は，一定値をとる．

　物質のマクロな性質については，熱力学が記述する．熱力学は，マクロな変数の間の関係式を与える．たとえば，熱力学の第 1，第 2 法則は，可逆的な変

---

[1]James Clerk Maxwell (1831–1879)

10 第 2 章　マクスウェルの気体分子運動論

化に関して，

$$dE = d'Q + d'W + \mu dN \tag{2.1}$$
$$d'Q = TdS \tag{2.2}$$

で与えられる．d' は数学的な意味での全微分ではなく，単なる微小変化を表す．気体の場合は，$d'W = -pdV$ と書ける．ここで，E は全エネルギー，$d'Q$ は入ってきた熱量，$d'W$ は外力が物質にした仕事，S はエントロピー，V は体積，μ は化学ポテンシャル，N は粒子数である．この二つの式により，マクロな量に関する熱力学的な関係式をすべて導き出すことができる．しかし，熱力学は，個々の物質に固有の性質を具体的な値として導き出すことができない．統計力学は，ミクロな力学（本書では，多粒子系の量子力学）に統計性の仮定を導入して，熱平衡状態における個々の物質を具体的に計算できる枠組み（量子統計力学）を提供する (第 4 章以降)．しかし，まずは，簡単な例題から話を始めよう．

2.2　マクスウェルの気体分子運動論

ここでは原子同士の相互作用を無視した単原子理想気体を考える．速度分布関数 $f(v_x, v_y, v_z) dv_x dv_y dv_z$ が，原子の速度の x，y，z 成分が区間 $[v_x, v_x + dv_x]$，$[v_y, v_y + dv_y]$，$[v_z, v_z + dv_z]$ に入っている原子の数を表すものとする．原子の総数が N であるので，

$$\int_{-\infty}^{\infty} dv_x \int_{-\infty}^{\infty} dv_y \int_{-\infty}^{\infty} dv_z \, f(v_x, v_y, v_z) = N \tag{2.3}$$

を満たさなければならない．$p(v_x, v_y, v_z) = f(v_x, v_y, v_z)/N$ は積分すると 1 になるので，$p(v_x, v_y, v_z) dv_x dv_y dv_z$ は，上記の区間に原子の速度が入っている「確率」となる．$p(v_x, v_y, v_z)$ 自体は，「確率密度」とよぶ．

ここで，次の仮定をおく：

1. v_x, v_y, v_z の分布は，独立である．
2. v_x, v_y, v_z の分布は，方向によらない（等方的である）．

これらは，ごく自然な仮定である．よって，これら二つの仮定から，適当な関数 $g(v)$ を用いて，

$$f(v_x, v_y, v_z) = g(v_x)g(v_y)g(v_z) \tag{2.4}$$

2.2. マクスウェルの気体分子運動論

と書ける．次に，第 2 の仮定から，適当な関数 $\phi(x)$ を用いて，

$$f(v_x, v_y, v_z) = \phi(\boldsymbol{v}^2) = \phi(v_x^2 + v_y^2 + v_z^2) \tag{2.5}$$

と書ける．これら二つの式を等しいとおいて，$v_y = v_z = 0$ とおくと，

$$\phi(v_x^2) = g(0)^2 g(v_x) \tag{2.6}$$

を得る．よって，$g(v_x) = \phi(v_x^2)/g(0)^2$ である．この式を式 (2.4) に戻してやって式 (2.5) と組み合せると，

$$\phi(v_x^2 + v_y^2 + v_z^2) = \frac{1}{g(0)^6} \phi(v_x^2)\phi(v_y^2)\phi(v_z^2) \tag{2.7}$$

を得る．

ここで，計算を簡単にするために，変数を，$\xi = v_x^2$，$\eta = v_y^2$，$\zeta = v_z^2$ とおき直す．すると上式は，

$$\phi(\xi + \eta + \zeta) = \frac{1}{g(0)^6} \phi(\xi)\phi(\eta)\phi(\zeta) \tag{2.8}$$

となる．この式の両辺を η で偏微分してから，$\eta = \zeta = 0$ とおくと，

$$\phi'(\xi) = \frac{1}{g(0)^6} \phi(\xi)\phi'(0)\phi(0) \tag{2.9}$$

となる．式 (2.6) から $\phi(0) = g(0)^3$ なので，

$$\phi'(\xi) = \frac{\phi'(0)}{g(0)^3} \phi(\xi) = \alpha' \phi(\xi) \tag{2.10}$$

と書ける．ここで，$\alpha' = \phi'(0)/g(0)^3$ とおいた．これは，$\phi(\xi)$ に関する簡単な微分方程式である．その解は，

$$\phi(\xi) = \phi(0)e^{\alpha' \xi} \tag{2.11}$$

と求まる．ところで，式 (2.6) から，$g(v_x) \propto \phi(\xi)$ なので，$f(v_x, v_y, v_z) = g(v_x)g(v_y)g(v_z) \propto e^{\alpha' \xi}e^{\alpha' \eta}e^{\alpha' \zeta} = e^{\alpha'(v_x^2 + v_y^2 + v_z^2)}$ となる．常識的に考えて，速度の大きい分子の数はだんだん少なくなると考えられるので，$\alpha' < 0$ であろう．そこで，$\alpha' = -\alpha$ とおく．$\alpha > 0$ である．よって，規格化因子 A を使って，気体原子の速度分布関数は，

$$f(v_x, v_y, v_z) = Ae^{-\alpha(v_x^2 + v_y^2 + v_z^2)} \tag{2.12}$$

となる.

次に，A と α を決めよう．規格化条件式 (2.3) から，

$$\int_{-\infty}^{\infty} dv_x \int_{-\infty}^{\infty} dv_y \int_{-\infty}^{\infty} dv_z \, A e^{-\alpha(v_x^2 + v_y^2 + v_z^2)} = A \left(\frac{\pi}{\alpha}\right)^{3/2} = N \qquad (2.13)$$

でなければいけないので，

$$A = N \left(\frac{\alpha}{\pi}\right)^{3/2} \qquad (2.14)$$

となる．ここで，$\alpha' = -\alpha < 0$ とおかなければ，積分が発散してしまうので，$\alpha' = -\alpha < 0$ とおいたことの必然性がわかる．

さらに，気体の全エネルギーの平均値は

$$\begin{aligned}
\langle E \rangle &= \int_{-\infty}^{\infty} dv_x \int_{-\infty}^{\infty} dv_y \int_{-\infty}^{\infty} dv_z \, \frac{m}{2}(v_x^2 + v_y^2 + v_z^2) \\
&\quad \times N \left(\frac{\alpha}{\pi}\right)^{3/2} e^{-\alpha(v_x^2 + v_y^2 + v_z^2)} \\
&= \frac{3m}{4\alpha} N \qquad (2.15)
\end{aligned}$$

となる．単原子理想気体の内部エネルギーは 1 モルあたり $E = (3/2)RT$ と知られているから（T は絶対温度，R は気体定数），上の結果で $N = N_A$ とおいて比べれば，

$$\alpha = \frac{m}{2} \frac{N_A}{RT} \qquad (2.16)$$

と求まる．N_A はアボガドロ数である．ここでボルツマン定数を $k_B = R/N_A = 1.38 \times 10^{-23} \mathrm{J/K}$ で定義すると，

$$\alpha = \frac{m}{2k_B T} \qquad (2.17)$$

となる．規格化定数は $A = N(m/2\pi k_B T)^{3/2}$ となる．以上を総合して，単原子理想気体の原子の速度分布関数は，

$$f(v_x, v_y, v_z) = N \left(\frac{m}{2\pi k_B T}\right)^{3/2} e^{-m(v_x^2 + v_y^2 + v_z^2)/2k_B T} \qquad (2.18)$$

と求まる．この分布関数を**マクスウェル分布関数**，または，ボルツマン[9]2も同

---

[2] Ludwig Eduard Boltzmann (1844–1906)

2.2. マクスウェルの気体分子運動論   13

等な式を導出したので, **マクスウェ–ボルツマンの分布関数**とよぶ. この式は, 速度 $\boldsymbol{v}$ の 1 個の原子の運動エネルギー $\varepsilon(\boldsymbol{v}) = m\boldsymbol{v}^2/2$ を用いると,

$$f(\boldsymbol{v}) \propto e^{-\varepsilon(\boldsymbol{v})/k_{\mathrm{B}}T} \tag{2.19}$$

と書けることに注意しておこう.

　以上の導出で興味深いのは, はじめにおいた二つの簡単な仮定と単原子理想気体のエネルギーとの比較だけから, 分布関数の形が決まってしまうことである. しかも, この結果は, 第 5 章で有限温度の統計力学を正しく定式化したときに得られるものと完全に一致する. ただし, 理想気体では, 原子間の相互作用を無視しているので, はじめにおかしな速度分布 $f(v_x, v_y, v_z)$ になっていたとすると, 原子が互いに衝突することがないので, いつまでもおかしな分布関数のままである. マクスウェルの速度分布関数は, 理想気体の速度分布をよく表しているが, それは, 暗黙のうちに原子間に衝突があり, 熱平衡状態の分布関数に近づいた結果を表していると考えられる.

章末問題

1. マクスウェル–ボルツマンの速度分布関数 (2.18) から, 次の分布関数を求めよ.
2. 運動量分布関数 (運動量が $\boldsymbol{p} \in [\boldsymbol{p},\ \boldsymbol{p} + \mathrm{d}\boldsymbol{p}]$ となる粒子の数)
3. エネルギー分布関数 (エネルギーが $\varepsilon \in [\varepsilon, \varepsilon + \mathrm{d}\varepsilon]$ となる粒子の数)
4. 速度の x 成分 v_x の分布関数 (v_x が $\in [v_x, v_x + \mathrm{d}v_x]$ となる粒子の数)
5. 速さ $v = |\boldsymbol{v}|$ の分布関数 $f(v)$ を求めよ.
6. $f(v)$ が N に規格化されていることを示せ.
7. $\langle v \rangle = \sqrt{8k_{\mathrm{B}}T/\pi m}$ を示せ.
8. $\bar{v} \equiv \sqrt{\langle v^2 \rangle} = \sqrt{3k_{\mathrm{B}}T/m}$ を示せ.
9. 比 $\langle v \rangle / \bar{v}$ を求めよ.
10. $\bar{v} \equiv \sqrt{\langle v^2 \rangle} = \sqrt{3k_{\mathrm{B}}T/m}$ を用い, 15°C における酸素分子の速度を求めよ. ただし, 分子の回転や振動は考えなくともよい.
11. 気体分子運動論の考え方を用い, 壁に空いた小さな穴 (面積 σ) から単位時間あたりに噴き出す分子の数を求めよ (分子の平均速度 $\langle v \rangle = \sqrt{8k_{\mathrm{B}}T/\pi m}$ を用いて表せ). [ヒント: z 軸を壁に垂直にとるとして, v_x, v_y, v_z を固定したとき, 単位時間あたりに面積 σ を通過する分子の数を求め, これを v_x, v_y, v_z について積分すればよい. ただし, $v_z > 0$ でないと壁にはぶつからないことに注意.]

第3章 量子力学から量子統計力学へ

統計力学は，量子力学を前提として，初めて，明瞭な定式化ができる．そこで，この章では，量子力学の基本となる事柄を復習し，さらにそれを，多粒子の系に拡張する．統計力学は多数の粒子の系を扱うので，多粒子系の量子力学の知識が必要となるからである．ただし，実際の計算にあたっては，それほど難しい数学が必要ない範囲にとどめるので，安心してほしい．この多粒子系の量子力学を用いて，大きな系の中に埋め込まれた小さな部分系の問題を議論することにより，「観測者」の問題や，「観測の問題」が自然に解決され，また，小さな部分系が，自然に量子統計力学で扱われることを示す．

3.1　1粒子の量子力学

まず量子力学の基本事項の復習をしておこう．詳しくは，適当な教科書[11]を参照していただきたい．はじめに，3次元の空間内を運動する質量 m の1個の粒子の量子力学を復習する．

古典力学では，粒子の運動は，ニュートンの運動方程式によって，粒子の位置座標の時間変化 $x(t)$ を決定すればよい．t は時間である．粒子の速度は $v(t) = \dot{x}(t)$，運動量は，$p(t) = mv(t)$ で与えられる．

それに対して，量子力学においては，粒子[1]の位置や運動量は，非可換な演算子 $\hat{x}$, $\hat{p}$ で表される．すなわち，

$$\hat{x}_\alpha \hat{p}_\beta - \hat{p}_\beta \hat{x}_\alpha = [\hat{x}_\alpha, \hat{p}_\beta] = i\hbar \delta_{\alpha\beta}, \quad \alpha, \beta = 1, 2, 3 \tag{3.1}$$

となる．x_1, x_2, x_3 は x, y, z を，p_1, p_2, p_3 は p_x, p_y, p_z を表す．$\delta_{\alpha\beta}$ はクロネッカーのデルタである：

$$\delta_{\alpha\beta} = \begin{cases} 1 & (\alpha = \beta) \\ 0 & (\alpha \neq \beta) \end{cases} \qquad (\alpha, \beta = x, y, z) \tag{3.2}$$

---

[1]量子力学において，素粒子が大きさのない質点であるかどうかについては，意見が分かれる．本書では，「波であるが質点のように見える」との立場をとる．

16 第3章　量子力学から量子統計力学へ

$\hbar$は，プランク定数$h = 6.626 \times 10^{-34}$J·sを用い，$\hbar = h/2\pi = 1.055 \times 10^{-34}$J·sで与えられる．$[A, B] = AB - BA$を交換子という．実際の計算では，$\hat{x}$は$x$と同じである．$x$と$\hat{p}$の非可換性から，不確定性関係$\Delta x \cdot \Delta p_x \geq \hbar/2$などが導かれる．$\Delta x \equiv \sqrt{\langle (x - \langle x \rangle)^2 \rangle}$，$\Delta p_x \equiv \sqrt{\langle (p_x - \langle p_x \rangle)^2 \rangle}$は測定した位置と運動量の値の広がりを表す．すなわち，位置と運動量は，同時に確定した値をとることができない．[2]

　粒子の運動状態は，**波動関数**$\psi(x, t)$により記述される．波動関数は，一般には複素関数である．$\psi(x, t)$は次のような「**時間に依存するシュレーディンガー方程式**」

$$i\hbar \frac{\partial}{\partial t} \psi(x, t) = \mathcal{H} \psi(x, t) \tag{3.3}$$

に従って運動する．ここで，$\mathcal{H}$はハミルトニアンとよばれ，古典解析力学におけるハミルトン関数$\mathcal{H}(x, p)$において，運動量pを，運動量演算子$\hat{p} = -i\hbar\, d/dx$でおき換えたものである．この$\hat{p}$が座標演算子$\hat{x} = x$と交換関係の式 (3.1) を満たすことは簡単に確かめられる．1粒子の場合，ハミルトニアンは，

$$\mathcal{H} = -\frac{\hbar^2}{2m}\left(\frac{\partial^2}{\partial x^2} + \frac{\partial^2}{\partial y^2} + \frac{\partial^2}{\partial z^2}\right) + V(x) \tag{3.4}$$

の形になる．$V(x)$は外部ポテンシャルである[3]．

　式 (3.3) を解いて波動関数$\psi(x, t)$が求まったとすると，いわゆる標準的な「**コペンハーゲン解釈**」によれば，同じ条件で多数回実験を行って，時刻tで粒子の位置を測定すれば，粒子は，$|\psi(x, t)|^2 dx$の確率で，区間$[x, x + dx]$[4]に観測される．観測された後は，粒子は$[x, x + dx]$内のどこかにいるはずなので，その場所をx_0とし，dxを十分小さいとすれば，波動関数は，$\psi(x, t) \to \sqrt{\delta(x - x_0)}$となったと考えられる[5]．これを，「**波動関数の収縮**」という．

　そのほかの物理量，たとえば，粒子の運動量pなどは次のように計算される．それらの測定可能な物理量（「**観測量**」という）をAと書くと，Aを多数回測定したときの平均値（量子力学では「**期待値**」という）は，Aに対応する量子力学的演算子$\hat{A}$，たとえば，位置座標なら$\hat{x} = x$，運動量なら$\hat{p} = -i\hbar\dfrac{d}{dx}$を

---

[2]実際には同時には測定できないので，注意が必要だが，ここでは触れない．

[3]ここでは，$V(x)$の時間依存性は考えない．

[4]これは$[x, x + dx]$, $[y, y + dy]$, $[z, z + dz]$の微小な立方体の領域を表す．

[5]デルタ関数$\delta(x - x_0)$としたのは，単なる近似である．測定した範囲で小さな点に見えるということを意味している．

3.1. 1粒子の量子力学

用い,

$$\langle A(t) \rangle = \int \psi(\boldsymbol{x}, t)^* \hat{A} \psi(\boldsymbol{x}, t) \mathrm{d}\boldsymbol{x} \tag{3.5}$$

を計算することにより与えられる.[6] $\psi(\boldsymbol{x}, t)^*$ は $\psi(\boldsymbol{x}, t)$ の複素共役である. このように,波動関数自体が直接物理量の値を示すのではなく,期待値を計算して初めて具体的な値がわかるので,粒子は波動関数 $\psi(\boldsymbol{x}, t)$ で与えられる「**状態**」にある,ともいわれる. $\hat{A}$ の固有値と固有関数を a_α, $\phi_\alpha(\boldsymbol{x})$ とすると, $\hat{A}\phi_\alpha(\boldsymbol{x}) = a_\alpha \phi_\alpha(\boldsymbol{x})$ なので, $t = 0$ のとき, $\psi(\boldsymbol{x}, t = 0) = \phi_\alpha(\boldsymbol{x})$ であれば, A の「観測」を行うと,

$$\langle A \rangle = \int \phi_\alpha(\boldsymbol{x})^* \hat{A} \phi_\alpha(\boldsymbol{x}) \mathrm{d}\boldsymbol{x} = a_\alpha \tag{3.6}$$

となる. $\psi(\boldsymbol{x}, t = 0) \neq \phi_\alpha(\boldsymbol{x})$ のときは,

$$\psi(\boldsymbol{x}, t = 0) = \sum_\alpha c_\alpha \phi_\alpha(\boldsymbol{x}) \tag{3.7}$$

と展開してやると,

$$\langle A \rangle = \sum_\alpha |c_\alpha|^2 \int \phi_\alpha(\boldsymbol{x})^* \hat{A} \phi_\alpha(\boldsymbol{x}) \mathrm{d}\boldsymbol{x} = \sum_\alpha |c_\alpha|^2 a_\alpha \tag{3.8}$$

となる. これは,多数回観測を行ったときの平均値であって,1回ごとの観測では, A の測定値は,確率 $|c_\alpha|^2$ で a_α となり,[7] 波動関数は観測した瞬間に $\phi_\alpha(\boldsymbol{x})$ に「**収縮する**」と考えられている.

次に,

$$\psi(\boldsymbol{x}, t) = e^{-iEt/\hbar} \phi(\boldsymbol{x}) \tag{3.9}$$

とおいて式 (3.3) に代入すると,

$$E\phi(\boldsymbol{x}) = \mathcal{H}\phi(\boldsymbol{x}) \tag{3.10}$$

となる. これを,「**時間に依存しないシュレーディンガー方程式**」という. $\mathcal{H}$ は常に線形演算子であるので,上式は,数学でいう,固有値方程式になっており, E は**固有値**, $\phi(\boldsymbol{x})$ は**固有関数**である. したがって, E や $\phi(\boldsymbol{x})$ は勝手な値や関数ではなく,固有値方程式を満たす特別な値と関数しか許されない. 多くの場

---

[6]積分範囲は問題に応じて適切に取る.
[7]ψ の規格化条件から $\sum_\alpha |c_\alpha|^2 = 1$ が示せるので確率とみなせる

合，固有値と固有関数は無限個あり，離散的な番号付けが可能であるので[8]，E_n，$\phi_n(\boldsymbol{x})$（n は整数）のように指標を付ける．したがって，時間に依存しないシュレーディンガー方程式は，

$$\mathcal{H}\phi_n(\boldsymbol{x}) = E_n\phi_n(\boldsymbol{x}) \tag{3.11}$$

と書かれる．また，

$$\psi_n(\boldsymbol{x},t) = e^{-iE_n t/\hbar}\phi_n(\boldsymbol{x}) \tag{3.12}$$

は，「**定常状態**」といわれる．

一般に，$\{\phi_n(\boldsymbol{x})\}$ は**正規直交系**をなす．すなわち，

$$\int \phi_n(\boldsymbol{x})^* \phi_m(\boldsymbol{x})\mathrm{d}\boldsymbol{x} = \delta_{nm} \tag{3.13}$$

という性質がある．

シュレーディンガー方程式の解の例として，1 次元の x 方向の区間 $[0, L]$ に閉じ込められた，質量 m の 1 個の粒子が，何のポテンシャルも受けていない場合を考えよう．古典力学のハミルトニアンは $\mathcal{H}(x, p) = p^2/2m$ であるので，量子力学のハミルトニアンは，

$$\mathcal{H} = -\frac{\hbar^2}{2m}\frac{\mathrm{d}^2}{\mathrm{d}x^2} \tag{3.14}$$

となる．時間に依存しないシュレーディンガー方程式は，

$$-\frac{\hbar^2}{2m}\frac{\mathrm{d}^2}{\mathrm{d}x^2}\phi(x) = E\phi(x) \tag{3.15}$$

となる．この固有値方程式の解は簡単に求まる．

$$\phi(x) = Ce^{\pm ikx} \tag{3.16}$$

の形を仮定して代入すれば，

$$E = \frac{\hbar^2 k^2}{2m} \tag{3.17}$$

の場合に，解となることがわかる．C は規格化条件で定めることができるが，k は境界条件を決めないと定まらない（これが，「宇宙の波動関数」を考えにくい

---

[8]無限大の空間では，固有値は連続となる．しかし，無限大という空間は，理念としては考えられるが，宇宙の果てのことは誰も確実にいうことができない．ただし，計算の便宜上，連続として扱うことはよくある．

3.1. 1粒子の量子力学 19

一つの理由である）．ここでは $x = 0$ と $x = L$ に，いかなる粒子も通り抜けられない高いポテンシャル障壁があり，粒子はこの区間に閉じ込められているとする．すなわち，$V(x) = 0$ $(0 \leq x \leq L)$，$V(x) = \infty$ $(x < 0,\ x > L)$ というポテンシャルが存在していると考える．すると，$x \leq 0$ と $x \geq L$ では $\phi(x) = 0$ でなければならないので，e^{ikx} と e^{-ikx} の線形結合により，

$$\phi(x) = C\sin(kx) \tag{3.18}$$

が $x = 0$ での条件を満たす解となる．$x = L$ で $\phi(L) = 0$ となるためには，$kL = n\pi$ $(n = 1, 2, 3, \cdots)$，すなわち，

$$k = \frac{\pi n}{L} \equiv k_n \quad (n = 1, 2, 3, \cdots) \tag{3.19}$$

であることが必要となる．$n = 0$ のときは，$\phi(x) = 0$ になってしまうので除く．$n = -1, -2, -3, \cdots$ の解は，$n = 1, 2, 3, \cdots$ の解と符号が異なるだけであるので，独立な解ではない．よって，$n = 1, 2, 3, \cdots$ の解だけを採用すれば十分である．

このように，L が有限の大きさならば，k は離散的な値をとるので，k_n と書く．定数 C は規格化条件から決まり，

$$\int_0^L |\phi(x)|^2 \mathrm{d}x = C^2 \int_0^L \sin^2(k_n x)\mathrm{d}x = \frac{C^2 L}{2} = 1 \tag{3.20}$$

より，$C = \sqrt{2/L}$ となる．まとめると，固有関数と固有値は，

$$\phi_n(x) = \sqrt{\frac{2}{L}}\sin(k_n x)$$
$$E_n = \frac{\hbar^2 k_n^2}{2m}, \quad k_n = \frac{\pi n}{L} \quad (n = 1, 2, 3, \cdots) \tag{3.21}$$

となる．また，粒子の存在確率は，

$$|\phi_n(x)|^2 = \frac{2}{L}\sin^2(k_n x) \tag{3.22}$$

となって，一様ではなく，波打っている．

しかし，この固有関数は，都合が悪い．運動量 $\hat{p}$ の期待値を計算すると，

$$
\begin{aligned}
\langle p \rangle &= \int \phi_n(x)^* \hat{p}\phi_n(x)\mathrm{d}x \\
&= -i\hbar k_n \frac{2}{L}\int_0^L \sin(k_n x)\cos(k_n x)\mathrm{d}x = 0
\end{aligned}
\tag{3.23}
$$

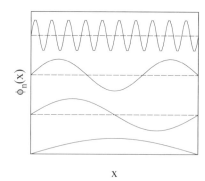

図 3.1: 1 次元における自由粒子の波動関数 (3.21)（下から n =1, 2, 3, 20）．

となってしまって，走っている粒子の状態を表現できないからだ．この固有関数の表現しているのは，$[0, L]$ の区間に閉じ込められた粒子の「定在波」の状態である．

そこで，大きな空間を走り回る自由粒子を扱うときは，$[0, L]$ の区間の波動関数が無限に繰り返されていると考えて，

$$\phi(x + L) = \phi(x) \tag{3.24}$$

という周期的境界条件を用いる．もともと L は十分大きいとしているので，境界条件のとり方の違いは，マクロな物理量には影響がないと考える[9]．このときの解は，規格化も含めて，

$$\phi(x) = \frac{1}{\sqrt{L}} e^{ik_n x} \tag{3.25}$$

となる．k_n は，式 (3.24) により，

$$e^{ik_n(x+L)} = e^{ik_n x} \tag{3.26}$$

を満たさねばならないので，$k_n L = 2\pi n$ $(n = 0, \pm 1, \pm 2, \cdots)$，すなわち，$k_n = 2\pi n/L$ $(n = 0, \pm 1, \pm 2, \cdots)$ となる．固有値は前と同じで $E_n = \hbar^2 k_n^2/(2m)$ となる．

---

[9]ただし，最近はナノサイエンスが盛んなので，そのような場合には，境界条件は問題ごとに正しくとらなければならない．

3.1. 1粒子の量子力学　　21

まとめると，固有関数と固有値は，

$$\phi_n(x) = \frac{1}{\sqrt{L}} e^{ik_n x} \tag{3.27}$$

$$E_n = \frac{\hbar^2 k_n^2}{2m}, \quad k_n = \frac{2\pi n}{L} \quad (n = 0, \pm 1, \pm 2, \pm 3, \cdots) \tag{3.28}$$

となる．粒子の存在確率は，式 (3.22) と異なり，$|\phi_n(x)|^2 = 1/L$ で一様である．ただし，式 (3.22) は，n が大きい場合には振動の波長が短いので，ならしてみれば，$1/L$ と同等である．

運動量の期待値は，$\langle \hat{p} \rangle = \hbar k_n$ と有限の値になる．式 (3.21) と比べると，$n = 0, \pm 1, \pm 2, \pm 3, \cdots$ と正負の整数をとるので状態の数が 2 倍多いように見えるが，k_n の間隔が $2\pi/L$ と 2 倍になっているので，エネルギーが E 以下の状態の数

$$N(E) = \frac{L}{\pi} \sqrt{\frac{2mE}{\hbar^2}} \tag{3.29}$$

は，どちらの境界条件を用いても同じである（章末問題）．$n = 0$ の分だけ異なるが，通常は問題にならない．

次に，3 次元空間の場合を考えよう．1 次元の場合と同様に，x, y, z の各軸方向に $[0, L]$ の範囲に閉じ込められた粒子を考える．粒子の動ける空間は，一辺の長さが L の立方体で，その体積が $V = L^3$ である．境界条件は，周期的境界条件が便利である．すると，固有関数と固有値は，1 次元のときとまったく同様にして，

$$\phi_{\boldsymbol{k}}(\boldsymbol{x}) = \frac{1}{\sqrt{V}} e^{i\boldsymbol{k} \cdot \boldsymbol{x}}, \quad E_{\boldsymbol{k}} = \frac{\hbar^2 \boldsymbol{k}^2}{2m} \tag{3.30}$$

$$\boldsymbol{k} = (k_{n_x}, k_{n_y}, k_{n_z}) \tag{3.31}$$

$$k_{n_x} = \frac{2\pi}{L} n_x, \quad k_{n_y} = \frac{2\pi}{L} n_y, \quad k_{n_z} = \frac{2\pi}{L} n_z \tag{3.32}$$

$$(n_x, n_y, n_z = 0, \pm 1, \pm 2, \pm 3, \cdots)$$

となる．運動量の期待値は，$\langle \hat{\boldsymbol{p}} \rangle = \hbar \boldsymbol{k}$ となる．

ここで，**ディラック**[10]**のブラ・ケット記法**を導入すると便利である．任意の二つの波動関数 $\psi(\boldsymbol{x})$ と $\phi(\boldsymbol{x})$ に対して，

$$\langle \psi | \phi \rangle \equiv \int \psi(\boldsymbol{x})^* \phi(\boldsymbol{x}) \mathrm{d}\boldsymbol{x} \tag{3.33}$$

と書くことにする．$\langle \psi |$ を「ブラ ψ」，$| \phi \rangle$ を「ケット ϕ」という．また，演算子 $\hat{A}$ に対して，

---

[10]Paul Adrien Maurice Dirac (1902–1984)

$$\langle\psi|\hat{A}|\phi\rangle \equiv \int \psi(\boldsymbol{x})^* \hat{A}\phi(\boldsymbol{x})\mathrm{d}\boldsymbol{x} \tag{3.34}$$

とする．すると，規格直交条件式 (3.13) は，

$$\langle\phi_n|\phi_m\rangle = \delta_{nm} \tag{3.35}$$

とコンパクトに書ける．

（適当な境界条件の下で）任意の関数 $\psi(\boldsymbol{x})$ が，ある規格直交系 $\{\phi_n(\boldsymbol{x})\}$ を用いて，

$$\psi(\boldsymbol{x}) = \sum_n c_n \phi_n(\boldsymbol{x}) \tag{3.36}$$

と展開できるとき，$\{\phi_n(\boldsymbol{x})\}$ は「完全」であるという．すなわち，「**規格直交完全系**」とよばれる．

$\psi(\boldsymbol{x})$ に関するシュレーディンガー方程式

$$\mathcal{H}\psi = E\psi \tag{3.37}$$

に展開式 (3.36) を代入すると，

$$\mathcal{H}\sum_n c_n \phi_n(\boldsymbol{x}) = E\sum_n c_n \phi_n(\boldsymbol{x}) \tag{3.38}$$

となるが，左から $\langle\phi_m|$ をかけると，

$$\sum_n \langle\phi_m|\mathcal{H}|\phi_n\rangle c_n = E c_m \tag{3.39}$$

となる．ここで，$\langle\phi_m|\mathcal{H}|\phi_n\rangle \equiv (\mathcal{H})_{mn}$ を $\mathcal{H}$ の完全系 $\{\phi_n\}$ による「**行列表示**」とよぶ．さらに，$(c)_n$ を縦ベクトル c の第 n 成分とすると，上式は，

$$\sum_n (\mathcal{H})_{mn}(c)_n = E(c)_m \tag{3.40}$$

という，行列 $(\mathcal{H})_{mn}$ と縦ベクトル $(c)_n$ に関する固有値方程式となる．これを解いて，α 番目の固有値 E_α と固有ベクトル $(c)_n^{(\alpha)}$ を求めれば，α 番目の固有関数 $\psi_\alpha(\boldsymbol{x})$ が求まる．すなわち，**量子力学は，行列の固有値問題に等価である**．

時刻 $t = 0$ で，波動関数が，固有関数のうちの一つに一致しているとき，すなわち，$\psi(\boldsymbol{x}, t = 0) = \phi_n(\boldsymbol{x}) = |\psi(t=0)\rangle = |\phi_n\rangle$ であるとき，任意の時刻では，

$$\psi(\boldsymbol{x}, t) = e^{-iE_n t/\hbar}\phi_n(\boldsymbol{x}), \qquad |\psi(t)\rangle = e^{-iE_n t/\hbar}|\phi_n\rangle \tag{3.41}$$

3.1. 1粒子の量子力学

となる. このとき, 時刻 t における物理量 A の期待値は,

$$
\begin{aligned}
\langle A(t) \rangle &= \langle \psi(t)|\hat{A}|\psi(t)\rangle = \int \psi(\boldsymbol{x},t)^* \hat{A} \psi(\boldsymbol{x},t) \mathrm{d}\boldsymbol{x} \\
&= \int \phi_n(\boldsymbol{x})^* \hat{A} \phi_n(\boldsymbol{x}) \mathrm{d}\boldsymbol{x} = \langle A(t=0) \rangle
\end{aligned}
\tag{3.42}
$$

となって, 時間によらない. また, 規格直交性も,

$$
\int \phi_n(\boldsymbol{x},t)^* \phi_m(\boldsymbol{x},t) \mathrm{d}\boldsymbol{x} = e^{i(E_n - E_m)t/\hbar} \int \phi_n(\boldsymbol{x})^* \phi_m(\boldsymbol{x}) \mathrm{d}\boldsymbol{x} = \delta_{nm}
\tag{3.43}
$$

となって, 変化しない.

時刻 $t=0$ で, 波動関数が, 固有エネルギーの異なる複数の固有関数の重ね合せで書けているとき, すなわち,

$$
\psi(\boldsymbol{x}, t=0) = \sum_n c_n \phi_n(\boldsymbol{x})
\tag{3.44}
$$

と書けているとき, 任意の時刻では,

$$
\psi(\boldsymbol{x}, t) = \sum_n e^{-iE_n t/\hbar} c_n \phi_n(\boldsymbol{x})
\tag{3.45}
$$

となる. 規格化の要請から,

$$
\int |\psi(\boldsymbol{x},t)|^2 \mathrm{d}\boldsymbol{x} = \int |\psi(\boldsymbol{x},t=0)|^2 \mathrm{d}\boldsymbol{x} = \sum_n |c_n|^2 = 1
\tag{3.46}
$$

となる. すなわち, 時刻 $t=0$ で規格化されていれば, 任意の時刻 t でも規格化されている. 物理量 A の期待値は,

$$
\begin{aligned}
\langle A(t) \rangle &= \int \psi(\boldsymbol{x},t)^* \hat{A} \psi(\boldsymbol{x},t) \mathrm{d}\boldsymbol{x} \\
&= \sum_{n,m} c_n^* c_m e^{i(E_n - E_m)t/\hbar} \int \phi_n(\boldsymbol{x})^* \hat{A} \phi_m(\boldsymbol{x})
\end{aligned}
\tag{3.47}
$$

となって, $\hat{A}$ が $\hat{\mathcal{H}}$ と可換でない限り, 時間に依存して振動する.

ここで問題なのは,「振動」の意味である. 時刻 t で, たとえば「位置」を「測定」をしてしまえば, 波動関数は, 測定された位置に「収縮」する. それを時間的に追いかけていくということはできない. だから, $\langle A(t) \rangle$ が意味するものは, あくまで, 同じ条件で多数回実験を行ったときに, 実験開始から時間 t たったときの測定値の平均値を与えるものである.

3.2 多粒子系の量子力学

これまでは 1 個の粒子の量子力学について見てきたが，統計力学では多数の粒子の集団を考えなければならないので，N 個の粒子からなる系の量子力学を考えよう．

この場合には，系の状態は N 個の座標変数 $\boldsymbol{x}_1, \cdots, \boldsymbol{x}_N$ を含んだ波動関数 $\Psi(\boldsymbol{x}_1, \cdots, \boldsymbol{x}_N, t)$ で記述され，Ψ は次のような時間に依存するシュレーディンガー方程式

$$i\hbar \frac{\partial}{\partial t} \Psi(\boldsymbol{x}_1, \cdots, \boldsymbol{x}_N, t) = \mathcal{H} \Psi(\boldsymbol{x}_1, \cdots, \boldsymbol{x}_N, t) \tag{3.48}$$

に従うことが知られている．$|\Psi(\boldsymbol{x}_1, \cdots, \boldsymbol{x}_N, t)|^2 \mathrm{d}\boldsymbol{x}_1 \cdots \mathrm{d}\boldsymbol{x}_N$ は，多数回の測定を行ったときに，N 個の粒子を同時に $[\boldsymbol{x}_1, \boldsymbol{x}_1 + \mathrm{d}\boldsymbol{x}_1], \cdots, [\boldsymbol{x}_N, \boldsymbol{x}_N + \mathrm{d}\boldsymbol{x}_N]$ に見いだす確率を表す．$\mathcal{H}$ は N 粒子のハミルトニアンである．たとえば，外場も粒子間の相互作用もない自由な N 粒子系に対しては

$$\mathcal{H} = -\frac{\hbar^2}{2m} \sum_{i=1}^{N} \boldsymbol{\nabla}_i^2 \tag{3.49}$$

で与えられる．N 個の粒子に作用するポテンシャル $U(\boldsymbol{x}_1, \cdots, \boldsymbol{x}_N)$ が存在するときは，

$$\mathcal{H} = -\frac{\hbar^2}{2m} \sum_{i=1}^{N} \boldsymbol{\nabla}_i^2 + U(\boldsymbol{x}_1, \cdots, \boldsymbol{x}_N) \tag{3.50}$$

となる．ただし，$\boldsymbol{\nabla}_i = (\partial/\partial x_i, \partial/\partial y_i, \partial/\partial z_i)$ で，$\boldsymbol{\nabla}_i^2 = \partial^2/\partial x_i^2 + \partial^2/\partial y_i^2 + \partial^2/\partial z_i^2$ である．

時間依存性については，前節と同様に，

$$\Psi(\boldsymbol{x}_1, \cdots, \boldsymbol{x}_N, t) = e^{-iEt/\hbar} \Phi(\boldsymbol{x}_1, \cdots, \boldsymbol{x}_N) \tag{3.51}$$

とおいて時間に依存するシュレーディンガー方程式に代入すれば，$\Psi(\boldsymbol{x}_1, \cdots, \boldsymbol{x}_N)$ は時間に依存しないシュレーディンガー方程式

$$\mathcal{H} \Phi(\boldsymbol{x}_1, \cdots, \boldsymbol{x}_N) = E \Phi(\boldsymbol{x}_1, \cdots, \boldsymbol{x}_N) \tag{3.52}$$

により決定される．これも，線形な固有値問題であるので，固有関数 $\Phi_n(\boldsymbol{x}_1, \cdots, \boldsymbol{x}_N)$ と固有値 E_n が解となる．

3.3. *孤立した多粒子系の時間発展と時間平均   25

N 粒子系のハミルトニアン (3.50) において，ポテンシャル $U(\boldsymbol{x}_1,\cdots,\boldsymbol{x}_N)$ は，それぞれの粒子に作用する外部ポテンシャル項 V と粒子間の相互作用項 v とからなる：

$$U(\boldsymbol{x}_1,\cdots,\boldsymbol{x}_N) = \sum_{i=1}^{N} V(\boldsymbol{x}_i) + \frac{1}{2}\sum_{\substack{i=1 \\ (i\neq j)}}^{N}\sum_{j=1}^{N} v(\boldsymbol{x}_i - \boldsymbol{x}_j) \tag{3.53}$$

第2項目の相互作用項があると，一般には，シュレーディンガー方程式を正確に解くことはほとんど不可能となる．他方，第1項のみのときは，N 粒子のシュレーディンガー方程式の解は次のようにして求まる．まず，1粒子の時間に依存しないシュレーディンガー方程式

$$\left[-\frac{\hbar^2}{2m}\boldsymbol{\nabla}^2 + V(\boldsymbol{x})\right]\phi_n(\boldsymbol{x}) = \varepsilon_n\phi_n(\boldsymbol{x}) \tag{3.54}$$

が解けたとする．N 粒子に対する固有関数と固有値は，1粒子の固有関数と固有値を用いて，

$$\Phi(\boldsymbol{x}_1,\cdots,\boldsymbol{x}_N) = \phi_{n_1}(\boldsymbol{x}_1)\cdots\phi_{n_N}(\boldsymbol{x}_N), \quad E = \sum_{i=1}^{N}\varepsilon_{n_i} \tag{3.55}$$

で与えられることは，N 粒子のシュレーディンガー方程式に代入してみれば，簡単に確かめられる．ここで，$n_1,\cdots,n_N$ は，1粒子の固有状態の番号から任意に N 個選んだものである．実際には，「量子力学においては，同種の粒子同士はまったく区別がつかない」ことによる制約が生じるが，当面の議論に必要ないので，第6章で導入することにする．N 粒子の間に相互作用がある場合の解は，上記の解の重ね合せとして表すことができる．

多粒子系の量子力学では，変数の数が多くて面倒なので，$\boldsymbol{x}_1,\cdots,\boldsymbol{x}_N$ をまとめて x と書き，波動関数をしばしば $\Psi(x,t)$ や $\Phi_n(x)$ と書く．また，ディラックの記法では，$|\Psi(t)\rangle$，$|\Phi_n\rangle$ などと書く．

N 粒子系では，粒子間に相互作用があると，N が異なると固有値や固有関数が全く異なる場合があるので，粒子数 N をあらわに，$E_n^{(N)}$，$\Phi_n^{(N)}(x)$ などと表すこともある．

3.3   *孤立した多粒子系の時間発展と時間平均

ここで，N 個の粒子が入っている孤立系を考えよう．観測者は孤立系の外にいて，時刻 t に観測をするまでは，系は孤立したままであるとする．同じ条件

26 第3章 量子力学から量子統計力学へ

で実験を繰り返し，多数回測定を行った結果，物理量 A の期待値は，

$$\langle A(t) \rangle = \langle \Psi(t) | \hat{A} | \Psi(t) \rangle \tag{3.56}$$

となる．一般に，$|\Psi(t=0)\rangle$ が系のハミルトニアンの固有状態でなければ，固有関数系 $\{|\Phi_n\rangle\}$ の重ね合せとして，

$$|\Psi(t)\rangle = \sum_n c_n e^{-iE_n t/\hbar} |\Phi_n\rangle \tag{3.57}$$

と書ける．これは，式 (3.45) と同じである．エネルギーの期待値は

$$\langle E \rangle = \langle \Psi(t) | \hat{\mathcal{H}} | \Psi(t) \rangle = \sum_n |c_n|^2 E_n \tag{3.58}$$

となり，時間変化しない．しかし，ハミルトニアンとは可換ではない物理量 A の期待値

$$\langle A(t) \rangle = \sum_{nm} c_n^* c_m e^{i(E_n - E_m)t/\hbar} \langle \Phi_n | \hat{A} | \Phi_m \rangle \tag{3.59}$$

は振動関数 $e^{i(E_n - E_m)t/\hbar}$ の重ね合わせなので，**永遠に振動する．すなわち，熱平衡状態になることはない**．粒子数が大きければ振動の周期も無限大になるという意見もあるが，間違いである．たとえば，気体の場合，相互作用がなければ，全系の波動関数は 1 粒子波動関数（ここでは平面波）$\phi_{\boldsymbol{k}}(\boldsymbol{x})$ の積

$$\Phi_n(x) = \prod_{i=1}^N \phi_{\boldsymbol{k}_i}(\boldsymbol{x}_i) \tag{3.60}$$

で書けるが，弱い相互作用がある場合，原子同士が衝突を繰り返すことにより $\{\boldsymbol{k}_i\}$ の分布が変化していき，前章のマクスウェル–ボルツマン分布のような熱平衡状態の波動関数に緩和していくと期待したいところである．しかし，相互作用の効果は，初期状態 $|\Psi(t=0)\rangle$ と $e^{-iE_n t/\hbar}$ の中にすべて含まれている．$|\Psi(t=0)\rangle$ の中に，おかしな状態 $|\Phi_{\mathrm{Strange}}\rangle$ が含まれていれば，そのまま残り，なくなることはない．よって，残念ながら，孤立系では，熱平衡状態にふさわしくない状態が淘汰されて熱平衡状態にふさわしい状態の重ね合せへの緩和が起こるとはいえず，あくまで，式 (3.57) のように固有状態 $|\Phi_n\rangle$ の重ね合せのままである．

　しかしここで，A を現実に測定するということは，**マクロに見れば短いが，ミクロに見れば十分長いような時間 T の間の時間平均を測定することである**と考

3.3. *孤立した多粒子系の時間発展と時間平均　　　　　　　　　　　27

えてみよう。量子力学における測定とは，多数回の測定の平均であるが，系が
時間変化する場合，**ある時刻に測定してしまえば，波動関数は収縮してしまう
ので，それ以上の測定は無意味である**。時間依存性を測定するという場合，同
じ状態から出発して，異なる時刻での測定をそれぞれ多数回繰り返して，物理
量の時間変化を測定することになる。そこで，測定する時刻 t に関して，**時間
間隔 $[t - T/2, t + T/2]$ 程度にわたって平均をとることにする**。すると，

$$
\begin{aligned}
\overline{e^{i(E_n - E_m)t/\hbar}} &= \frac{1}{T} \int_{t-T/2}^{t+T/2} e^{i(E_n - E_m)t'/\hbar} \mathrm{d}t' \\
&= e^{i(E_n - E_m)t/\hbar} \frac{e^{i(E_n - E_m)T/2\hbar} - e^{-i(E_n - E_m)T/2\hbar}}{i(E_n - E_m)T/2\hbar}
\end{aligned}
\tag{3.61}
$$

となるが，$E_n - E_m = \varepsilon$，$T/2\hbar = a$ とおき，さらに，$\langle A(t) \rangle$ が実数であること
が簡単に示せることから，$\langle A(t) \rangle = (\langle A(t) \rangle + \langle A(t) \rangle^*)/2 = \mathrm{Re}\langle A(t) \rangle$ となるこ
とを用いて，

$$
式 (3.61) = \cos(\varepsilon t/\hbar) \frac{\sin(a\varepsilon)}{a\varepsilon}
\tag{3.62}
$$

となる。$\sin(a\varepsilon)/a\varepsilon$ は $a = T/2\hbar$ が大きいとき，ε の関数として，$\varepsilon = 0$ に鋭
いピークをもち，それ以外では振動しながら急速に小さくなる関数である。さ
らに，

$$
\int_{-\infty}^{\infty} \frac{\sin(a\varepsilon)}{a\varepsilon} \mathrm{d}\varepsilon = \frac{\pi}{|a|}
\tag{3.63}
$$

なので，デルタ関数を用いて，$\sin(a\varepsilon)/a\varepsilon \approx (\pi/|a|)\delta(\varepsilon)$ と見なすことができる。
$|\varepsilon| = |E_n - E_m| \to 0$ であるから $\cos((E_n - E_m)t/\hbar) \to 1$ となり，

$$
\overline{e^{i(E_n - E_m)t/\hbar}} \xrightarrow{T \to \infty} \frac{2\pi\hbar}{T} \delta(E_n - E_m)
\tag{3.64}
$$

となる。すなわち，ほぼ等エネルギー $E_n \approx E_m$ の状態のみが寄与する。ただ
し，$E_n \approx E_m \neq E_\ell \approx E_k \approx \cdots$ という場合もあるので，固有エネルギーは複
数のグループに分かれ，グループ内では値が等しい，ということになる。

　式 (3.64) ではデルタ関数で近似したが，実際にはとり得るエネルギーには幅
があり，与えられた測定時間 T に対して，$|\varepsilon| = |E_n - E_m| < 2\hbar/T$ の状態が
n, m の和に寄与する。なお，式 (3.62) で $\cos(\varepsilon t/\hbar)$ は振動する関数で，負となり
得る。しかし，$|\varepsilon| < 2\hbar/T$ のとき，$|\varepsilon t/\hbar| < 2|t|/T$ となる。すなわち $|t| < \pi T/2$

であれば $\cos(\varepsilon t/\hbar) > 0$ であり，$|t| \ll T$ であれば $\cos(\varepsilon t/\hbar) \approx 1$ となる．よって，T は十分大きくとらなければならない．

たとえば，測定時間 T を1マイクロ秒 = 10^{-6}s とすると，$|E_n - E_m|/k_B \sim 10^{-28}J/k_B \sim 10^{-5}$K 程度である．これは，マクロの系では，$E_n \sim O(N)$ であることを考えると非常に小さなエネルギー差である．これに対して，1粒子系や少数粒子系，ナノサイズの系を扱う際には注意が必要である．一方，最新のテクノロジーでは，測定時間をピコ秒 = 10^{-12}s 程度とすることが可能なので，$|E_n - E_m|/k_B \sim 10^{-22}J/k_B \sim 10$K 程度となって，異なるエネルギー状態間の行列要素が関与してくる（熱平衡統計力学では扱えなくなる）．本書では熱平衡状態を扱うので，時間変化する現象は扱わない[11]．

ところで，式 (3.64) は $E_n = E_m$ の時には，

$$\overline{e^{i(E_n - E_m)t/\hbar}} = 1 \tag{3.65}$$

である．よって，T が十分大きい時には，

$$\overline{e^{i(E_n - E_m)t/\hbar}} \longrightarrow \begin{cases} 1 & (E_n = E_m) \\ 0 & (E_n \neq E_m) \end{cases} \tag{3.66}$$

と書くことにする．

すると，

$$\overline{\langle A(t) \rangle} = \sum_{nm} c_m c_n^* \langle \Phi_n | \hat{A} | \Phi_m \rangle \Big|_{E_n = E_m} \tag{3.67}$$

となる．さらに，$c_m c_n^*$ は，n, m を行列の足と見たとき，エルミート行列であるから，対角化が可能で固有値は実数となる．Φ_n，Φ_m なども，それに合せて線形結合を作る．新しい基底関数を $|\tilde{\Phi}_i\rangle$ などと書き，行列 $c_n^* c_m$ の固有値を $p_i \equiv |\tilde{c}_i|^2 \geq 0$ と書くと，

$$\begin{aligned} \overline{\langle A(t) \rangle} &= \sum_i p_i \langle \tilde{\Phi}_i | \hat{A} | \tilde{\Phi}_i \rangle \\ &= \int_0^\infty \sum_i p_i \langle \tilde{\Phi}_i | \hat{A} | \tilde{\Phi}_i \rangle \delta(E - E_i) \mathrm{d}E \end{aligned} \tag{3.68}$$

と書ける．積分の下限を0ととったのには特に意味はなく，問題に応じて必要な

---

[11] 一定な平均値のまわりの揺らぎは含まれるが，あらわな時間変化は扱わない．熱平衡状態に近い非平衡状態を扱う，「線形応答理論」を用いれば，振動数 ω で振動する状態は，量子エネルギー $\hbar\omega$ の量子を吸収する過程として，計算することができる．

範囲を積分する．第2式で，エネルギーが E に等しいもの同志を束にして，そのあと E について積分するように書いた．第1式で，$\hat{A} = 1$ ととると，$\sum_i p_i = 1$ が成り立つ．よって，任意の i に対して $p_i \geq 0$，かつ $\sum_i p_i = 1$ が成り立つ．すなわち，p_i は状態 i の「出現確率」と解釈できる．つまり，孤立系でも，長時間平均をとることによって，量子力学的期待値に加えて，統計的な平均操作が自然に導入されるのである．

かくして，**孤立した多粒子系における物理量 A は，長時間平均をとれば，式(3.68)のように，波動関数 $\tilde{\Phi}_i$ による量子力学的期待値に加えて，確率と見なせる量 p_i による統計平均をとった形に書き表せる**ことがわかった．しかし，あくまでも，熱平衡状態になる保証はない．

3.4　*量子力学と観測者

前節では，「観測者」は系の外部に置いた．しかし，**量子力学がもしも正しい理論だとすると，「観測者」も含めた「全宇宙」の波動関数というものを，つい考えたくなる**．しかし，残念ながら，宇宙の果ての境界条件をどのように設定してよいかわからないので，ここでは考えない．そこで，「全宇宙」ほどには大きくなくとも，十分に大きな系（「実験試料＋測定装置または観測者」でもよいし，「地球」や「太陽系」や「銀河」や「銀河団」でもよい）を考えることにする．ここでは，わかりやすく，「人間も含めた実験室全体」程度のものを考えよう．これを，「**全世界**」とよぶ．「全世界」は，その外側の世界があっても，それらとは相互作用がないと考えよう．その意味で，孤立系であるとする．

「全世界」の波動関数 $\Psi(\boldsymbol{x}_1, \boldsymbol{x}_2, \boldsymbol{x}_3, \cdots)$ は，多数の粒子の座標変数からなるが（図 3.2），「実験試料中の電子」などの**量子力学的な変数を代表して x，「人間」**

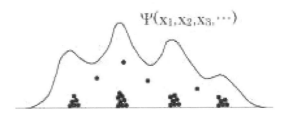

図 3.2:「世界」の波動関数 $\Psi(\boldsymbol{x}_1, \boldsymbol{x}_2, \boldsymbol{x}_3, \cdots)$ のイメージ．いくつかの粒子は量子力学によって結合し，マクロと見なしてよい塊を形成している．それらの間を，量子力学的な粒子が運動している．

「測定装置」などマクロなものの変数を代表して y と書こう．すなわち，全系の波動関数は，$\Psi(x, y)$ である．y はたとえば，結晶など，たくさんの原子の塊からなる物体の，重心座標に対応する変数などである．「測定装置」は，一般に，多数の原子が固く結び付いた部品で構成されているから，**マクロな質量 M の物体**の集合体と考えてよい．よって，不確定性関係 $\Delta y \cdot \Delta p_y \geq \hbar/2$ より，$\Delta y \cdot \Delta v_y \geq \hbar/2M \approx 0$ から，**不確定性が無視できる**．よって，それらの y 変数（y 変数にもたくさんの種類があるのだが）に関しては，古典物理学で扱うことができる．人間についても同様である．もちろん，**原子の結合には量子力学が必要だが，いったん結合してしまえば，そのかたまりについては，古典的な取り扱いをしてよい**．また，人間の目が光を検知するときには，視神経の長い分子が折れ曲がるが，これは量子力学に従う．しかし，折れ曲がる前後の状態は，不確定性のない安定した状態である．多くのたんぱく質も同様である．**量子力学は，化学反応するときのみ必要になるが，それ以外は古典系として扱ってよい**．また，写真乾板に粒子の痕がつくときには，量子力学に従って粒子のぶつかった場所の周辺の多数の原子に化学反応が起こるが，起こった後は，安定な別の化合物の固まりに変化しており，不確定さを心配する必要がない．この塊の大きさは，ミクロには大きく，マクロには小さい点のように見える．これが**「波束の収縮」**の実態である．ただし，測定装置が実験試料と接触する部分については，y の中にも量子力学的な変数を含んでもよい．

1cm 角のマクロな結晶は古典的な物体として扱うことができる．しかし，その内部の原子の動きは量子力学的であり，実際にそのことを測定することができる（たとえば第 5.9 節のデバイ比熱）．太陽から飛んでくるニュートリノは，平面波から作った波束として，量子力学的に飛んでくる．銀河は，マクロに見れば古典力学と古典電磁気学と熱力学，それに，一般相対論があれば扱えるが，その内部では量子力学的核反応があちこちで起こっている．そこから飛び出してくる粒子は量子力学的であり，そういう意味では，宇宙は，マクロな物体（太陽系，銀河，銀河団）間をミクロな量子力学的粒子が飛び交っていて，全体として量子力学的であるともいえる．ただ，量子力学的な粒子が，巨視的な星にぶつかったとたん，多数の原子による化学反応が起きて，古典化してしまうので，結局は，多数の星と星との間が量子力学的につながっているとはいえない．つまり，安心して望遠鏡で観測して，その位置を確定させてよい，ということである．**量子力学は，結局のところ，ミクロな反応過程や，小さな結晶の低エネルギーの状態などにのみ，関与するのである**．

よって，原理的には，宇宙（？）の波動関数があって，量子力学は，外部に

「観測者」を用意する必要はなく,「全世界」の波動関数の一部として,古典的な振る舞いをする「観測者」または「測定装置」または「人間」が含まれていることになる.

このように単純化して説明すると,ラプラス[12]が心配したように,「人間の意志」もシュレーディンガー方程式で決まってしまって,「**人間の自由意志**」がなくなってしまうのではないかと思うかもしれないが,脳の神経回路網は実質的に古典系として扱ってよい.また,人間とそれを取り巻く環境は,非常に多数の原子からなる複雑系で,無限といってもよい DNA 情報,記憶情報,外部情報に基づき,膨大な可能性の中から「自由意志」で,「自己決定」を行っているように見えるものと考えられる.また,上の考えでは,「人間」がいなくとも,「量子力学」や,その他の物理法則が成り立っていることになるが,その間には誰も答えることができない(多くの物理学者は,人間がいなくとも物理法則は成り立っているだろうと考えていると思うが,残念ながら,証明する人がいなければ,証明することは不可能である).

3.5 *部分系の量子力学と密度行列

3.3 節では,孤立した多粒子系を量子力学的に扱い,その系を測定するために,物理量の期待値の時間平均を調べた.その場合,原理的には,対象とする系は,1cm 角の実験試料でもよいし,全世界でもよかったが,測定するためには,観測者を実験試料の外側に用意しなければならないので,全世界を扱うわけにはいかない.

この節では,対象とする系を,われわれが主として測定の対象にしようとしている実験試料(「**部分系**」または略して「**系S**」とよぶ)と,それ以外の「**外界B**」(主として,測定装置や写真乾板)とに分けて,それらを合せたものを「**全系**」とよぶ(図 3.3)(「人間」は,前節の議論に従って切り離し,ここでの「全系」の外にいてもらうことにする).「全系」のうちの「部分系」だけに着目するとき,それぞれが量子力学に従うような,たくさんの同等な系の統計集団と見なすことができる,ということを,「**密度行列**」という概念を用いて説明する.

まず,全系が,部分系Sとその外界Bとに分けられているので,全系の N 個の粒子の座標 $\boldsymbol{x}_1, \cdots, \boldsymbol{x}_N$ のうち,系Sにいる粒子の変数をまとめて x と書き,

---

[12]Pierre-Simon Laplace(1749–1827). 著書『確率の解析的理論』(1812) で,ある時刻での宇宙のすべての粒子の運動状態がわかれば,それ以降に起きるすべての現象は古典力学ですべて計算できてしまうため,「人間の自由意志」さえなくなってしまうと考えた.

図 3.3: 全系を外界 B と部分系 S に分ける.

外界にいる粒子の変数をまとめて y と書こう. S と B との間で粒子の行き来はないものとする. 相互作用はあってもよい. すると, 全系のハミルトニアンは,

$$\mathcal{H}_{S+B}(x,y) = \mathcal{H}_S(x) + \mathcal{H}_B(y) + \mathcal{H}'(x,y) \tag{3.69}$$

と書けるだろう. 第3項の $\mathcal{H}'(x,y)$ は S と B との間の弱い相互作用である. 全系の波動関数は $\Psi(x,y)$ と書ける.

$\Psi(x,y)$ は x について, 系 S の固有関数系 $\{\phi_i(x)\}$ で展開して

$$\Psi(x,y) = \sum_i c_i(y)\phi_i(x) \tag{3.70}$$

と書ける. $c_i(y)$ は展開係数である. 一方, 外界 B での適当な完全直交系を $\{\psi_\alpha(y)\}$ とすると,

$$c_i(y) = \sum_\alpha c_{i\alpha}\psi_\alpha(y) \tag{3.71}$$

と展開できるはずだから,

$$\Psi(x,y) = \sum_{i\alpha} c_{i\alpha}\phi_i(x)\psi_\alpha(y) \tag{3.72}$$

となる. ディラックの表記法を用いれば,

$$|\Psi\rangle = \sum_{i\alpha} c_{i\alpha}|\phi_i\rangle|\psi_\alpha\rangle \tag{3.73}$$

と書ける. $\phi_i(x)$, $\psi_\alpha(y)$ は都合で小文字を用いているが, 多粒子系の波動関数である.

3.5. *部分系の量子力学と密度行列

さて，$\hat{A}_S$ を系 S の変数にのみ作用する演算子とすると，$\hat{A}_S$ の期待値は

$$
\begin{aligned}
\langle A_S \rangle &= \langle \Psi | \hat{A}_S | \Psi \rangle = \sum_{ij\alpha\beta} c_{i\alpha}^* c_{j\beta} \langle \psi_\alpha | \langle \phi_i | \hat{A}_S | \phi_j \rangle | \psi_\beta \rangle \\
&= \sum_{ij\alpha} c_{i\alpha}^* c_{j\alpha} \langle \phi_i | \hat{A}_S | \phi_j \rangle = \sum_{ij} (\rho_S)_{ji} \langle \phi_i | \hat{A}_S | \phi_j \rangle
\end{aligned}
\tag{3.74}
$$

となる．ここで，$\langle \psi_\alpha | \psi_\beta \rangle = \delta_{\alpha\beta}$ を用いた．また，系 S の「**密度行列**」(density matrix) の ji 要素 $(\rho_S)_{ji}$ を

$$
(\rho_S)_{ji} = \sum_\alpha c_{j\alpha} c_{i\alpha}^*
\tag{3.75}
$$

と定義した．また，$\langle \phi_j |, |\phi_i \rangle$ での行列要素が $(\rho_S)_{ji}$ に一致するような**密度行列演算子** $\hat{\rho}_S$，すなわち，$(\rho_S)_{ji} \equiv \langle \phi_j | \hat{\rho}_S | \phi_i \rangle$ を定義すれば，式 (3.74) は，

$$
\langle A_S \rangle = \mathrm{Tr}_S (\hat{\rho}_S \hat{A}_S)
\tag{3.76}
$$

とも書ける．Tr は，行列表示したときの対角和を意味するが，Tr_S の添字 S は，部分系の状態についての対角和をとることを意味する．$\hat{\rho}_S$ は部分系 S の**統計演算子**ともよばれる．

ところで，**全系 S+B の統計演算子** $\hat{\rho}_{S+B}$ を $\hat{\rho}_{S+B} \equiv |\Psi\rangle\langle\Psi|$ と定義すると，その行列要素は

$$
(\rho_{S+B})_{j\beta, i\alpha} = \langle \phi_j | \langle \psi_\beta | \hat{\rho}_{S+B} | \psi_\alpha \rangle | \phi_i \rangle = c_{j\beta} c_{i\alpha}^*
\tag{3.77}
$$

であるので，

$$
\langle A_S \rangle = \mathrm{Tr}_{S+B} (\hat{\rho}_{S+B} \hat{A}_S)
\tag{3.78}
$$

とも書けることになる．また，部分系 S の密度行列は，全系の密度行列を外界 B について対角和をとったもの：

$$
(\rho_S)_{ji} = \sum_\alpha (\rho_{S+B})_{j\alpha, i\alpha}
\tag{3.79}
$$

すなわち，

$$
\hat{\rho}_S = \mathrm{Tr}_B (\hat{\rho}_{S+B})
\tag{3.80}
$$

のように B の状態について対角和をとることにより得られることがわかる．

式 (3.75) から $((\rho_S)_{ji})^* = (\rho_S)_{ij}$ が示せる.よって,$(\rho_S)_{ji}$ はエルミートであるので,対角化することができ,固有値は実数となる.その固有値と固有ベクトルを p_n, $|\tilde{\phi}_n\rangle$ とすると,

$$\hat{\rho}_S = \sum_n |\tilde{\phi}_n\rangle p_n \langle\tilde{\phi}_n| \tag{3.81}$$

と書ける.よって,

$$(\rho_S)_{ji} = \sum_n \langle\phi_j|\tilde{\phi}_n\rangle p_n \langle\tilde{\phi}_n|\phi_i\rangle \tag{3.82}$$

となる.

さて,$\hat{A}_S$ として $\hat{A}_S = 1$ をとると,$\langle A_S\rangle = \mathrm{Tr}(\hat{\rho}_S) = 1$ だが,一方では $\mathrm{Tr}(\hat{\rho}_S) = \sum_n p_n$ だから

$$\sum_n p_n = 1 \tag{3.83}$$

となる.また,$\hat{A}_S = |m\rangle\langle m|$ ととると,

$$p_m = \mathrm{Tr}(\hat{\rho}_S\hat{A}_S) = \langle\Psi|\hat{A}_S|\Psi\rangle = \langle\Psi|m\rangle\langle m|\Psi\rangle = |\langle m|\Psi\rangle|^2 \geq 0 \tag{3.84}$$

となる.ところで,A の期待値は

$$\langle A_S\rangle = \mathrm{Tr}(\hat{\rho}_S\hat{A}_S) = \sum_n p_n \langle\tilde{\phi}_n|\hat{A}_S|\tilde{\phi}_n\rangle \tag{3.85}$$

と書けるが,$\langle\tilde{\phi}_n|\hat{A}_S|\tilde{\phi}_n\rangle$ の部分は $\hat{A}_S$ の $|\tilde{\phi}_n\rangle$ による量子力学的な期待値であり,$\sum_n p_n$ の部分は,上に示したように,p_n が $p_n \geq 0$, $\sum_n p_n = 1$ を満たすことから,**各量子力学的状態 $|\tilde{\phi}_n\rangle$ が確率 p_n で出現しているような統計集団についての集団平均(統計平均)と見ることができる.**すなわち,外界 B についての情報を p_n に押し込めてしまうと,系 S についての物理量の期待値は,S における量子力学的な期待値のほかに,p_n を重みとする統計平均をとらないといけなくなるのである.$\hat{\rho}_S$ には,この両者の効果がまとめて入っている.

p_n がある一つの状態 $n = m$ についてのみ $p_m = 1$ で,そのほかの場合には 0 である場合には,統計演算子は

$$\hat{\rho}_S = |\tilde{\phi}_m\rangle\langle\tilde{\phi}_m| \tag{3.86}$$

となり,$\hat{A}_S$ の期待値は

$$\langle A_S\rangle = \langle\tilde{\phi}_m|\hat{A}|\tilde{\phi}_m\rangle \tag{3.87}$$

3.5. *部分系の量子力学と密度行列

と通常の量子力学的期待値と同様の形に書ける．これを「**純粋状態**」といい，そうでない一般の場合 (3.82) を「**混合状態**」という．純粋状態では $\hat{\rho}_S^2 = \hat{\rho}_S$ が成り立つ．

以上のようにして，**全系を，着目する部分系とその外界とに分け，外界についての情報を密度行列に押し込んでしまうと，量子状態は一般に混合状態となり，量子力学に由来する不確定性に加えて，統計的性格がもち込まれる**のである．その結果，**部分系は，それぞれが量子力学に従うたくさんの系の統計集団と見なすことができる**ようになる．

このような議論は，すでに，いくつかの教科書に解説されている[3, 13]．しかし，それらでは，$\tilde{\phi}_m$ が系のエネルギー固有状態になっていないし，さらには，系の時間変化についての説明もほとんどなされていない[13]．

そこで，3.3 節で行ったように，有限の時間間隔で，系の物理量の**時間平均をとる**ことを考えよう．初期状態が，部分系のいろいろなエネルギーの固有関数の重ね合せであった場合，(3.80) においても，いろいろなエネルギーの固有関数の重ね合せになる．すなわち，系 S の固有関数 $\phi_i(x)$ の時間変化は $\phi_i(x, t) = e^{-iE_i t/\hbar}\phi_i(x)$ となるので，密度行列 (3.75) は

$$(\rho_S(t))_{ji} = \sum_\alpha c_{j\alpha}c_{i\alpha}^* e^{i(E_i - E_j)t/\hbar} \tag{3.88}$$

となる．物理量 A_S の平均値も，当然時間変化する：

$$\langle A_S(t) \rangle = \sum_{ij}\sum_\alpha c_{j\alpha}c_{i\alpha}^* e^{i(E_i - E_j)t/\hbar}\langle \phi_i|\hat{A}|\phi_j\rangle \tag{3.89}$$

ここで，3.3 節と同様に，A_S を現実に測定するということは，マクロに見れば短いが，ミクロに見れば十分長いような時間 T の間の時間平均を測定することであると見なそう．すると，式 (3.66) と同じく

$$\overline{e^{i(E_i - E_j)t/\hbar}} \longrightarrow \begin{cases} 1 & (E_i = E_j) \\ 0 & (E_i \neq E_j) \end{cases} \tag{3.90}$$

となる．さらに，ϕ_i，ϕ_j などの線形結合をとることにより $(\rho_S)_{ij}$ を対角化することができる．よって，

$$\overline{A_S(t)} = \int_0^\infty \sum_n p_n \langle \tilde{\phi}_n|\hat{A}_S|\tilde{\phi}_n\rangle \delta(E - E_n)\mathrm{d}E \tag{3.91}$$

---

[13][12] で多少なされている．

と書くことができる. ただし, p_n は固有値で, $\tilde{\phi}_n$ は対角化後の基底関数である. 式 (3.85) のときと同様にして, $\sum_n p_n = 1$, $p_n \geq 0$ が示せる. こうして, 式 (3.85) と同じ形の式が導き出された.

これは, 孤立系に対する, 式 (3.68) と同じ形だが, 外界と部分系をきちんと分けて導出されているところが異なる. これが統計力学の出発点である.

さらに, 粒子数の異なる波動関数は互いに直交することを用いると, 部分系の粒子数を N として, N ごとに分けて,

$$\overline{A_\mathrm{S}(t)} = \sum_{N=0}^{\infty} \int_0^{\infty} \sum_n p_n^{(N)} \langle \tilde{\phi}_n^{(N)} | \hat{A}_\mathrm{S} | \tilde{\phi}_n^{(N)} \rangle \delta(E - E_n^{(N)}) \mathrm{d}E \tag{3.92}$$

と書くこともできる. [14]第 4~6 章の小正準集合, 正準集合, 大正準集合による統計力学は, すべてこの式から (妥当な仮定を用いて) 導出することができる.

3.6 *密度行列と観測の理論

最後に, 量子力学における「観測」というものを, 密度行列を用いて記述する.

1 個の粒子 (または光子) が平面波 $\phi(x,y,z) = Ae^{ikx}$ として x 方向に走っている場合を考える. y, z 方向には一様であるとする. A は規格化因子である[15]. 先には, $x = L$ のところに, x 軸に垂直な平板があり, 写真乾板や光電子倍増管などの「測定装置」が設置されている. 同じ条件で長時間の間につぎつぎと粒子が飛んでくるが, $|\phi(x,y,z)|^2 = |A|^2 =$ 一定であるので, 長時間の平均をとれば, 粒子は平板に一様に衝突する. しかし, 最新技術により, 1 秒間に数個程度の粒子 (光子) しか飛んでこないような弱いビームでの実験が可能になった. その際には, 1 個 1 個の粒子が, でたらめな位置に痕跡を残し, 十分時間がたつと, $|\phi(x,y,z)|^2 = |A|^2$ の通りの一様な分布となることがわかっている (図 3.4). これは, 量子力学において, もっとも不思議で魅力ある現象である[14,15].

写真乾板は, 粒子が 1 個でも飛び込んでくれば, 多数の原子が化学反応を起こし, 小さな, しかし巨視的に安定な, 痕跡を作る. 光電子倍増管も, 入射粒子 1 個に対して, 巨視的な数の 2 次電子を発生させ, 人間が観測可能な電流を発生させる. 写真乾板も, 有限な大きさの原子でできているので, 粒子が作る痕跡の位置も離散的である. 光電子倍増管の位置も離散的である. そこで, こ

---

[14] $\hat{A}$ は通常, 粒子数を変えない演算子であることを用いた.
[15]実際には, 波束を作っているだろうが, 簡単のため, 単純な平面波とする.

3.6. *密度行列と観測の理論

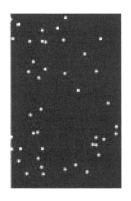
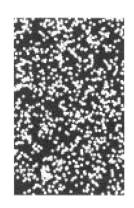

図 3.4: 左は，平板に，粒子が 30 個飛んできた場合．右は，1000 個飛んできた場合．

れらを微小だがセミ・マクロな測定装置の集合ととらえ，それぞれの状態を表す波動関数を $\Phi_i(y_i)$ と書く．y_i は，i 番目の測定装置に含まれるたくさんの変数を代表するものである．セミ・マクロとは，粒子が飛び込んできたときに量子力学的な反応は起こすが，その後は量子力学的に強固に結合した安定した新たな状態となり，マクロと見なせる，という意味である．$x = L$ における平板の近傍における波動関数を，省略して $\phi(x)$ と書く．x は (x,y,z) をまとめて表している．

さて，$x = L$ に飛んできた粒子と測定系は，**反応する直前は**，

$$\Psi(x,y) = \phi(x) \cdot \prod_i \Phi_i(y_i) \tag{3.93}$$

と書けている．これは，「**純粋状態**」である．なお，$\Phi_k(y)$ は，k が異なれば互いに直交するとする．

粒子が平板に到達したとき，**粒子が k 番目の測定装置と反応すれば，粒子の波動関数は k 番目の測定装置の位置に収縮し**[16]，

$$\Psi'(x,y) = \phi'_k(x) \Phi'_k(y_k) \cdot \prod_{i \neq k} \Phi_i(y_i) \tag{3.94}$$

となる．$\phi'_k(x)$ は収縮した粒子の波動関数，$\Phi'_k(y_k)$ は，多数の 2 次電子を発生して反応を起こした k 番目の測定装置の波動関数，他の $\prod_{i \neq k} \Phi_i(y_i)$ は変化しない．

---
[16]収縮するのは，測定装置のたくさんの粒子と相互作用するためである．

しかし，時間に依存したシュレーディンガー方程式を解けば，進入する粒子は平面波であるから，平板の直前での存在確率は一様である．よって，**どの測定装置と反応する確率も同等であり**，「粒子が k 番目の測定装置と反応し，それ以外の測定装置は変化しない」という状態の重ね合せになるはずであるから[17]，

$$\Psi'(x,y) = \sum_k c_k \phi'_k(x) \Phi'_k(y_k) \cdot \prod_{i \neq k} \Phi_i(y_i) \tag{3.95}$$

と書けるはずである．c_k[18]は重ね合せの係数で $\sum_k |c_k|^2 = 1$，$\phi'_k(x)$ は，k 番目の測定装置と反応し収縮した波動関数，$\Phi'_k(y)$ は k 番目の測定装置の反応後の波動関数である．$\Psi(x,y)$ より「**全体の密度行列**」$\rho(x,y,x',y') = \Psi(x,y)\Psi^*(x',y')$ を作り，粒子だけを部分系とみて，「**部分系の密度行列**」$\rho_S(x,x')$ を作るのだが，それには，$\mathrm{Tr_B}$ の代わりに $y = y'$ とおいて，y について積分してやればよい．しかし，測定装置がたくさんあると，式が複雑になり，わかりにくい．ここでは簡単化して，**$k = 1, 2$ の二つだけ考えよう**．すなわち，

$$\Psi'(x,y) = c_1 \phi'_1(x) \Phi'_1(y_1) \Phi_2(y_2) + c_2 \phi'_2(x) \Phi_1(y_1) \Phi'_2(y_2) \tag{3.96}$$

$$
\begin{aligned}
\rho_S(x,x') &= \int \mathrm{d}y_1 \mathrm{d}y_2\, \Psi'(x,y_1,y_2) \Psi'^*(x',y_1,y_2) \\
&= \int \mathrm{d}y_1 \mathrm{d}y_2\, \big[|c_1|^2 \phi'_1(x) \phi'^*_1(x') |\Phi'_1(y_1)|^2 |\Phi_2(y_2)|^2 \\
&\quad + |c_2|^2 \phi'_2(x) \phi'^*_2(x') |\Phi_2(y_1)|^2 |\Phi'_2(y_2)|^2 \\
&\quad + c_1 c_2^* \phi'_1(x) \phi'^*_2(x') \Phi'_1(y_1) \Phi_2(y_2) \Phi_1{}^2(y_1) \Phi'^*_2(y_2) \\
&\quad + c_1^* c_2 \phi'^*_1(x) \phi'_2(x') \Phi^*_1(y_1) \Phi'^*_2(y_2) \Phi_1(y_1) \Phi_2(y_2) \big]
\end{aligned}
\tag{3.97}
$$

となる．最後の2行を y_1, y_2 について積分するとき，$\Phi_1(y_1)$ と $\Phi'^*_1(y_1)$ や $\Phi_2(y_2)$ と $\Phi'^*_2(y_2)$ は，反応を起こす前と，後の状態の重なり積分であるが，これらはマクロに異なる状態になってしまっているので，互いに直交し，積分が 0 となると考えられる．1，2行目の y 積分は，規格化積分であって，それぞれ 1 を与える．k がたくさんあっても，計算の仕方は同じであるから，結局，

$$\rho_S(x,x') = \sum_k |c_k|^2 \phi'_k(x) \phi'^*_k(x') \tag{3.98}$$

---

[17]この状況をもっと極端にしてみせたのが，有名な「シュレーディンガーの猫」[16]である

[18]c_k の計算は，原理的には可能だが，かなり複雑であろう．今の場合は，一様に飛んでくるので，すべての c_k は等しい．

3.6. *密度行列と観測の理論* 39

となる．これは，$\phi'_k(x)$ という状態が，確率 $|c_k|^2$ で統計的に混合している，「**混合状態**」に対する密度行列である．特別の状態 k の確率が高い理由はとくにないから，$|c_k|^2$ は k によらず一定と考えるしかない．よって，多数回の測定を行えば，量子力学の予言通り，粒子は一様に分布する．しかし，1 回 1 回の粒子の到着する場所は，古典的な確率 $|c_k|^2$（いまの場合，一様）に従っており，平板のどこに痕跡を作るかは，量子力学では予言できない．

上の理論[17]は，妥当な解釈だと思うが，反対論もある．「**多世界理論**」[18]とよばれる理論では，量子力学をそのまま適用すれば，観測しても波束は収縮せず，実現しなかった状態もすべて「可能な状態」として残っているのだという．しかし，それら残っている状態は決して観測することができないので，**ポパーの言う「反証可能性」を満たさず，科学的な理論とは言えない**．もう一つの批判は，$\Phi_k(y_k)$ と $\Phi'^*_k(y_k)$ の直交性が数学的に厳密に証明できない，というものである．これについては，限られた模型についてではあるが，妥当性が示されている[19]．

章末問題

1. 区間 $[0, L]$ に閉じ込められた 1 次元における粒子の，エネルギー E 以下の状態数を表す式 (3.29) を，波動関数が両端で 0 になる境界条件と，周期的境界条件とで，それぞれ求めよ．

第4章 小正準集合とエントロピー

　　この章では，部分系を外界から切り離して，熱平衡状態になっている
孤立系の統計力学について述べる．この系の粒子数 N，体積 V，全エネル
ギー E は一定である．ここで，「エネルギーが同じ状態は，等確率で出現す
る」という「等重率の仮定」をよりどころとして，「小正準集合」という統
計集団を導入する．同じエネルギーをもった状態は多数あり，その個数の
対数が，熱力学でいう「エントロピー」に比例することを示す．

4.1 等重率の仮定と小正準集合

　前章では，全系を外界と部分系とに分け，部分系における物理量 A の期待値
の長時間平均が，

$$\langle A \rangle = \int_0^\infty \sum_n p_n \langle \phi_n | \hat{A} | \phi_n \rangle \delta(E - E_n) \mathrm{d}E \tag{4.1}$$

の形に書けることを見た．全系は孤立系だから熱平衡状態になる保証はないの
だが，部分系は大きな外界と弱く接触しているので，熱平衡状態になっている
と考えることができるだろう．これは統計力学を作る際の重要な仮定であるが，
一般的に証明することは難しい．しかし，経験的には妥当な仮定であろう．この
孤立系は粒子数は一定であるため，N はあらわに書かない．エネルギー $E = E_n$
の状態（E が同じでも E_n は複数個ありうる）の集合体であり，E ごとに独立
に扱ってよい．しかし，厳密に $E_n = E$ の状態だけを取り出すのは難しいので，
小さな幅 ΔE をつけて，$E \leq E_n \leq E + \Delta E$ の状態だけを考えることにすると，

$$\langle A \rangle = \sum_n p_n \langle \phi_n | \hat{A} | \phi_n \rangle \bigg|_{E \leq E_n \leq E + \Delta E} \tag{4.2}$$

となる．ほぼ同じ値の固有エネルギー E_n をもつ固有状態 $|\phi_n\rangle$ は，次節で見る
ようにたくさんあるが，その出現確率 p_n の具体的な値は，まだ決まっていない．
しかし，今考えている系は外界との弱い相互作用によって熱平衡状態に達して
いる．さらに，部分系にはエネルギー保存則以外に何も状態を制限する条件が

ないとしてみよう. 実際, 現実の系は, 結晶の大きさが有限であるから, 並進不変性は成り立たないので, 運動量は保存しないし, 結晶の形がまん丸ということはあり得ないので, 全系の角運動量やその z 成分が保存されることもあり得ない. しかし, **孤立系では, エネルギーだけは保存する.** よって, 現実の系では, エネルギー以外には保存する量がないと考えてよいであろう. そのとき, エネルギーの等しい状態 E_n が非常にたくさんあるわけだが, どれか一つの状態だけが特別であるような理由は見つからない. また, 第1章の2項分布で見たように, 多粒子の系では $\langle A \rangle$ は N 個の和であるから, 平均値のまわりに鋭い分布をしているであろうから, p_i はほぼ一定値を取るというのは妥当な仮定である. [1]そこで, 状態 $|\phi_n\rangle$ の出現確率 p_n は, エネルギーのみで決まり, **エネルギーが等しければ, 出現確率は等しい,** と考えるのが自然である.

よって, 系の粒子数 N, 体積 V は一定であるので, 状態 n の出現確率 p_n は n によらず, $p_n = p(E, V, N)$ と書けるだろう. $A = 1$ のとき,

$$1 = \sum_n p(E, V, N, \Delta E) \bigg|_{E \leq E_n \leq E + \Delta E} \tag{4.3}$$

なので,

$$p(E, V, N, \Delta E) = \text{一定} = \frac{1}{W(E, V, N, \Delta E)} \tag{4.4}$$

となる. ここで, $W(E, V, N, \Delta E)$ は, $E \leq E_n \leq E + \Delta E$ の状態の数である. これを, 「**等重率の原理**」という. 実際には, 「**等重率の仮定**」とよんだ方がよいかもしれない.

物理量 A の平均値は,

$$\langle A \rangle (E, V, N) = \frac{1}{W(E, V, N, \Delta E)} \sum_n \langle \phi_n | A | \phi_n \rangle |_{E \leq E_n \leq E + \Delta E} \tag{4.5}$$

で計算される.

上の議論は, 物理的な推測を含んでいて, 現実的な系に対して, 本当にすべての状態が等確率で出現することが証明できているわけではない. そこで逆に, E, V, N が一定の孤立系で, すべての状態が, 式 (4.4) で与えられる等確率で出現する, 理想的な系における状態の集合を, 「**小正準集合**」という. エネルギーが E に等しくても, 現実にはあり得ないような, おかしな状態についても足し合せることになるが, そのような状態は, 熱平衡状態にふさわしい状態に比べ

---

[1]もちろん, 粒子間に相互作用があれば, 単純にそのような論理を適用するわけにはいかないが.

4.2. 理想気体の状態数　　　　　　　　　　　　　　　　　　　43

て圧倒的に数が少ないので，物理量の平均値への影響は無視できるだろう．そして，この仮定を採用することによって統計力学を建設し，種々の物理量を計算して実験と比較してみるとたいへんよく一致する．このことからも，**等重率の仮定は十分によい精度で成立していると考えられている**．

　別の見方をすれば，現実は複雑であるからこそ，このような仮定が成り立っているとも考えられる．それは，もしも粒子間の相互作用がまったくないとすれば，われわれは問題を完全に解くことができるが，相互作用がないと，時刻 $t = 0$ で全系の波動関数 $\Psi(0)$ におかしな状態 $c_n \phi_n(0)$ をいくらでも含めることができる．時間がたってもこの状態は $c_n \exp(-iE_n t/\hbar)\phi_n(0)$ として残ってしまう．一方，現実には必ず粒子間に相互作用があるので，エネルギーが E で異常な状態は作りづらく，正常な状態が圧倒的に多数準備されると考えられる．

　なお，「はじめに」で述べたように，物理学においては「階層構造」という概念があって，ミクロな系の理論（ここでは多粒子系の量子力学）からマクロな系に対する理論（ここでは量子統計力学）が完全に導出できなくとも，それは階層が異なるので仕方がない，むしろ当然のことと考えられている．

4.2　理想気体の状態数

　一辺が長さ L の箱に閉じ込められた，互いに相互作用がない，質量 m の N 個の単原子からなる理想気体を例にとって，状態数 $W(E, V, N)$ を考えよう．$V = L^3$ である．

　全エネルギーは，

$$E_n = \sum_{i=1}^{N} \frac{\hbar^2 \boldsymbol{k}_i^2}{2m} \tag{4.6}$$

で与えられる．$W(E, V, N)$ を求める前に，まず，$E_n \leq E$ の条件を満たす量子力学的状態数 $\Gamma_Q(E, V, N)$ を数える．その条件は，

$$k_{1x}^2 + k_{1y}^2 + k_{1z}^2 + \cdots + k_{Nx}^2 + k_{Ny}^2 + k_{Nz}^2 \leq \frac{2mE}{\hbar^2} \tag{4.7}$$

と書けるが，これは，$3N$ 次元の k 空間の半径 $\sqrt{2mE}/\hbar$ の球の体積と同じである（付録 A 参照）．ただし，波数のとり得る値はもともと離散的で，k_x，k_y，k_z 方向に，間隔が $2\pi/L$ であるから（式 (3.1) 参照），状態数を求めるには $(2\pi/L)^{3N}$

44 第4章 小正準集合とエントロピー

で割らないといけない．よって，

$$\Gamma_Q(E, V, N) = \frac{V^N}{(2\pi)^{3N}} \frac{\pi^{3N/2}(\sqrt{2mE}/\hbar)^{3N}}{\Gamma(3N/2+1)}$$

$$= \frac{V^N}{h^{3N}} \frac{(2\pi mE)^{3N/2}}{\Gamma(3N/2+1)} \tag{4.8}$$

と求まる．QはQuantumの頭文字である．右辺の分母の$\Gamma(x)$はガンマ関数である．

さて，エネルギーがEの状態の数$W(E, V, N)$を求めたいのだが，それは，上記の$3N$次元球の表面に含まれる状態の数ということになる．しかし，表面というのは厚さが0であり，状態の数を数えにくい．そこで，表面に厚さΔEをつけて，エネルギーが$[E, E+\Delta E]$の範囲にある状態を数えることにする．それは厚さΔEに依存するので，$W(E, V, N, \Delta E)$と書くことにする[2]．この量は，$\Gamma_Q(E, V, N)$から，

$$W(E, V, N, \Delta E) = \frac{\partial \Gamma_Q(E, V, N)}{\partial E} \Delta E$$

$$= \frac{3N}{2} \frac{V^N}{h^{3N}} \frac{(2\pi mE)^{3N/2}}{\Gamma(3N/2+1)} \frac{\Delta E}{E} \tag{4.9}$$

と求まる．また，N個の原子が同じ種類の原子であると，互いに区別がつかないので，その入れ換えの数$N!$で割ってやらないといけない（「**ギブス[3]の補正**」という）[4]．よって，

$$W(E, V, N, \Delta E) = \frac{3N}{2} \frac{V^N}{N!} \frac{(2\pi mE)^{3N/2}}{h^{3N}\Gamma(3N/2+1)} \frac{\Delta E}{E} \tag{4.10}$$

となる．

なお，

$$\frac{\partial \Gamma_Q(E, V, N)}{\partial E} \equiv \Omega(E, V, N) \tag{4.11}$$

とおくと，

$$W(E, V, N, \Delta E) = \Omega(E, V, N)\Delta E \tag{4.12}$$

---

[2] ただし，ΔEをいちいち書くのは面倒なので，しばしば省略する．
[3] Josiah Willard Gibbs (1839–1903)
[4] 多粒子系の波動関数を正しく扱えば自動的に出てくる．6章参照．

4.3. 古典統計力学との対応　　　　　　　　　　　　　　　　　　45

という関係が成り立つ. $\Omega(E, V, N)$ は，単位エネルギー幅あたりの状態数なので,「**状態密度**」とよび，系のエネルギー準位を E_n としたとき,

$$\Omega(E, V, N) = \sum_n \delta(E - E_n) \tag{4.13}$$

と書ける. この右辺は，鋭いデルタ関数の和であるから，滑らかな関数である左辺と等しいようには見えないかもしれないが，右辺をエネルギー E まで積分したときに，E 以下の固有状態の数を与えることから，それが $\Gamma_Q(E, V, N)$ の定義と一致すること，および，式 (4.11) の関係からわかる. ただし，滑らかな関数になるのは，系が十分大きく，エネルギー準位がほとんど連続と見なしてよいときのみである.

4.3　古典統計力学との対応

ところで，ボルツマンが統計力学を作ったとき，まだ量子力学は存在していなかった. したがって,「状態数」を数えることはできなかった. 古典力学では，$p_1, \cdots, p_N, x_1, \cdots, x_N$ の変数の作る $6N$ 次元の位相空間によって，N 個の粒子の運動を記述することが可能である. そこで，この位相空間の，エネルギーが E 以下の体積が状態数の役割を果たすだろうと考えてみよう. すなわち，N 個の原子の理想気体であれば，ハミルトン関数 $\mathcal{H}(x, p) = \sum_{i=1}^N p_i^2/(2m)$ を用いて，$\mathcal{H}(x, p) \leq E$ の条件を満たす位相空間の体積は，

$$\Gamma_{\mathrm{cl}}(E, V, N) = \int \mathrm{d}x_1 \cdots \mathrm{d}x_N \mathrm{d}p_1 \cdots \mathrm{d}p_N \theta(E - \mathcal{H}(x, p)) \tag{4.14}$$

により計算できる. 空間部分の積分は V^N で，運動量部分の積分は，$3N$ 次元の運動量空間の半径 $\sqrt{2mE}$ の球

$$p_{1x}^2 + p_{1y}^2 + p_{1z}^2 + \cdots + p_{Nx}^2 + p_{Ny}^2 + p_{Nz}^2 \leq 2mE \tag{4.15}$$

の体積に等しい. よって，

$$\begin{aligned}
\Gamma_{\mathrm{cl}}(E, V, N) &= V^N \frac{\pi^{3N/2}(\sqrt{2mE})^{3N}}{\Gamma(3N/2 + 1)} \\
&= V^N \frac{(2\pi mE)^{3N/2}}{\Gamma(3N/2 + 1)}
\end{aligned} \tag{4.16}$$

と求まる. cl は classical の略である. ところが，この量の次元を調べてみると，(エネルギー × 時間)^{3N} となっている. 一方,「状態数」であるためには，無次元

でなければならない．エネルギー × 時間は，プランク定数のもつ次元である．古典論の位相空間では，運動量と位置座標が連続で自由な値をとることができる．一方，量子力学によれば，x と p は非可換で，$[x, \hat{p}] = i\hbar$ であり，独立に連続な値をとることができない．また，同種の粒子は区別がつかない．前節の式(4.8) との比較から，

$$\Gamma_Q(E, V, N) = \frac{1}{N! h^{3N}} \Gamma_{cl}(E, V, N) \tag{4.17}$$

であることがわかるのである．

　なお，ボルツマンは，次節で述べる有名なエントロピー公式の導出にあたっては，各分子のとり得るエネルギーを小さな部分に分けて，分配の場合の数を数えている[21]．意識せずに量子化をもち込んでいたのである．

4.4　ボルツマンのエントロピー

　前節では，理想気体を扱ったので，状態数 $W(E, V, N, \Delta E)$ を計算することができた．これをやや一般化して，N 粒子からなる理想系を考える．一粒子状態のエネルギーを ε_1, ε_2, $\cdots$ とする．このエネルギー準位に，N 個の粒子を配置することを考える．各エネルギー準位に n_1, n_2, $\cdots$ 個ずつ粒子を詰める．すると，全エネルギーが E であれば，

$$E = \sum_i n_i \varepsilon_i \tag{4.18}$$

となり，全粒子数は N なので，

$$N = \sum_i n_i \tag{4.19}$$

とならなければならない．粒子の配置の数 $W(E, V, N)$ は

$$W(E, V, N) = \sum_{\{n_i\}}{}' \frac{N!}{n_1! n_2! \cdots} \tag{4.20}$$

となる．ただし，$\{n_i\}$ についての和は，$N = $ 一定，$E = $ 一定の条件の下でとらなければならない．それを和の ′ で表してある．さらに，同種粒子は区別がつかないので，その入れ換えの総数 $N!$ で割ってやらなければならない（ギブ

4.4. ボルツマンのエントロピー

スの補正). よって,

$$W(E,V,N) = \sum_{\{n_i\}}{}' \prod_i \frac{1}{n_i!} \tag{4.21}$$

となる[5].

この式の計算は, $N = \sum_i n_i$, $E = \sum_i n_i \varepsilon_i$ の条件がついているために, かなり面倒である. そこで, この条件を満たす範囲で, 最大の寄与をする項のみで近似することにしよう. これを,「**最大項の近似**」という. すなわち, 粒子の個数を $\{n_i\}$ としたときの配置の総数を $W_{\{n_i\}} = \prod_i (1/n_i!)$ とすると,

$$W(E,V,N) = \sum_{\{n_i\}}{}' W_{\{n_i\}} \simeq \max_{\{n_i\}} W_{\{n_i\}} = W_{\{n_i^*\}} \tag{4.22}$$

と近似する. 第3式は, N と E が一定の条件の範囲で最大となる配置だけを取ることを意味する. $\{n_i^*\}$ は, 最大項を与える配置である. 章末問題で, $W_{\{n_i\}}$ が $\{n_i^*\}$ のまわりで鋭いピークをもつ関数であることがわかるので, $\sum_{\{n_i\}}{}' W_{\{n_i\}}$ を $W_{\{n_i^*\}}$ だけでおき換えることができるのである. $\{n_i^*\}$ を決めるには, ラグランジュの未定乗数法を用いる. まず, スターリングの公式の簡易形 (付録 A 参照) を用い,

$$\log W_{\{n_i\}} \simeq -\sum_i n_i (\log n_i - 1) \tag{4.23}$$

と近似する. 次に, $N = $ 一定, $E = $ 一定の条件に対して未定乗数 α, β を用い,

$$-\sum_i n_i (\log n_i - 1) - \alpha \sum_i n_i - \beta \sum \varepsilon_i n_i \longrightarrow \max \tag{4.24}$$

とする. そのために, 上式を n_i で微分して, 0とおく. すなわち,

$$\log n_i + \alpha + \beta \varepsilon_i = 0 \tag{4.25}$$

よって, 最大項を与える粒子数として,

$$n_i^* = e^{-\alpha - \beta \varepsilon_i} \tag{4.26}$$

を得る. α, β は,

$$N = \sum_i n_i^* = e^{-\alpha} \sum_i e^{-\beta \varepsilon_i} \tag{4.27}$$

$$E = \sum_i \varepsilon_i n_i^* = e^{-\alpha} \sum_i \varepsilon_i e^{-\beta \varepsilon_i} \tag{4.28}$$

---

[5] 6 章で, 多粒子系の量子力学を正しく扱うと, この式がまったく異なる式になることがわかる. この式は, 量子系の古典近似に対応している.

から決めることができる．第1式より，α を決める式が，

$$e^{-\alpha} = \frac{N}{Z}, \quad Z = \sum_i e^{-\beta\varepsilon_i} \tag{4.29}$$

と得られる．Z は第5章に出てくる「分配関数」と同じ形である．Z の中には β が入っているが，β は

$$E = \frac{N}{Z} \sum_i \varepsilon_i e^{-\beta\varepsilon_i} = \frac{N \displaystyle\sum_i \varepsilon_i e^{-\beta\varepsilon_i}}{\displaystyle\sum_i e^{-\beta\varepsilon_i}} \tag{4.30}$$

より決まる．n_i^* は

$$n_i^* = \frac{N}{Z} e^{-\beta\varepsilon_i} \tag{4.31}$$

とも書ける．

これらを $\log W_{\{n_i\}}$ に代入すると，

$$\begin{aligned}
\log W_{\{n_i^*\}} &\simeq -\sum_i n_i^* (\log n_i^* - 1) \\
&= -\sum_i n_i^* (-\alpha - \beta\varepsilon_i - 1) \\
&= N + \alpha N + \beta E
\end{aligned} \tag{4.32}$$

を得る．すなわち，

$$\log W(E, V, N) \simeq N + \alpha N + \beta E \tag{4.33}$$

である．この $\{n_i^*\}$ が $\log W_{\{n_i\}}$ の鋭い最大値を与えることは章末問題で解いてみてほしい．

さて，**ボルツマンは，1877年の論文**[21]**で，この** $\log W(E, V, N)$ **という量が，熱力学でいうエントロピーに比例することを見抜いた**．すなわち，

$$S = k \log W \tag{4.34}$$

である．S はエントロピー，k は係数である．この式が，ウィーンの中央墓地のボルツマンの墓に刻まれていることは，あまりにも有名である（図4.1の写真を参照）．ただし，この式は，ボルツマンの論文にはどこにも書かれていない．量子論の創始者プランクが，のちにボルツマンの考えを整理して，上の式の形に書いた

4.5. 熱力学におけるエントロピーとの関係

ものである[22]（より正確な事情は，5.7.1節を参照）．なお，引数も書いておくと，

$$S(E, V, N) = k_B \log W(E, V, N) \tag{4.35}$$

である．$k = k_B$ はボルツマン定数 $k_B = 1.38 \times 10^{-23}$ J/K である．この式がエントロピーを表すことを，次節で証明しよう．

図 4.1: ウィーン中央墓地のボルツマンの墓に彫られた $S = k \log W$ の公式（筆者撮影）．

4.5 熱力学におけるエントロピーとの関係

熱力学の基本公式は，

$$dE = TdS - pdV + \mu dN \tag{4.36}$$

である．ここで，T は絶対温度，p は圧力，μ は化学ポテンシャルである．よって，

$$dS = \frac{1}{T}dE + \frac{p}{T}dV - \frac{\mu}{T}dN \tag{4.37}$$

がボルツマンのエントロピー (4.35) に対しても成り立つことを示せば，ボルツマンのエントロピーが熱力学におけるエントロピーと定数を除いて一致することが示されたことになる．そこで，

$$\begin{aligned} d(\log W) &= d(N + \alpha N + \beta E) \\ &= (1+\alpha)dN + Nd\alpha + \beta dE + Ed\beta \end{aligned} \tag{4.38}$$

ボルツマンとシュレーディンガー

ボルツマン (Ludwig Eduard Boltzmann) は 1844 年 2 月 20 日，帝室財務官書記，つまり収税吏の息子として，ウィーンに生れた．生涯音楽を愛好し，自らピアノを弾いた．少年時代，リンツに移り住んでいたとき，アントン・ブルックナーから音楽の手ほどきを受けたことがあった．後年，ウィーン大学教授時代には，オペラ座に家族の席をもっていた．

1866 年にウィーン大学で学位を取得し，翌年ヨーゼフ・シュテファンの助手を 2 年間務めた．グラーツ大学の教授を務めた後，1873 年には，ウィーン大学の哲学教授となる．1876 年にいったんグラーツ大学に戻るが，1894 年からは，再び母校のウィーン大学の教授として過ごした．その間，原子論の立場から，統計力学の基礎を築いた．しかし，当時はまだ，原子の存在は，必ずしも一般に受け入れられておらず，とくに，物理学は観測される量のみで記述されるべきだとする「経験論」を主張するエルネスト・マッハらから激しい論争を仕掛けられた．そのためか，晩年はうつ病となり，1906 年 9 月 5 日，家族旅行で訪れていたイタリアのドゥイノの海岸（詩人リルケの「ドゥイノ悲歌」を思い出す方もおられよう）の保養地で，家族が出かけている間に，ホテルの部屋で首をくくって自殺した．

ボルツマンは哲学にも造詣が深かった．ウィーン大学で，マッハの後を継いで 1903 年から科学哲学の講座を引き継いでいたのは，歴史の皮肉であろうか．

量子力学の波動方程式の創始者シュレーディンガーは，ボルツマンにあこがれてウィーン大学を目指したが，入学したのは，ボルツマンの死の直後，1906 年 9 月だった[23]．その約 20 年後，シュレーディンガー方程式発見の第 1 論文[24](1926 年 1 月に発表)において，シュレーディンガーは，導出の途中で，$S = K \log \psi$ という式を用いている．これは明らかにボルツマンのエントロピー公式の影響を受けているものと思われる．

（本項は，文献 [22,23,25] によっている．）

4.5. 熱力学におけるエントロピーとの関係   51

であるが，$\alpha = \log(Z/N)$ なので，

$$d\alpha = \frac{dZ}{Z} - \frac{dN}{N} \tag{4.39}$$

である．$Z = \sum_i e^{-\beta\varepsilon_i}$ より，

$$
\begin{aligned}
\frac{dZ}{Z} &= \frac{-d\beta\sum_i \varepsilon_i e^{-\beta\varepsilon_i}}{Z} - \beta\frac{\sum_i d\varepsilon_i e^{-\beta\varepsilon_i}}{Z} \\
&= -d\beta\frac{E}{N} - \beta\sum_i d\varepsilon_i n_i
\end{aligned}
\tag{4.40}
$$

となる．ところで，

$$dE = d\left(\sum_i \varepsilon_i n_i\right) = \sum_i \varepsilon_i dn_i + \sum_i d\varepsilon_i n_i \tag{4.41}$$

であるが，最後の式の第2項は，各準位にいる粒子のエネルギーの変化の総量である．これは，体積変化などの機械的な変化によってもたらされる．それに対して，第1項は，分布 n_i の変化によるエネルギーの変化であるから，熱[6]の流入によってもたらされたものと考えられる．よって，この二つの項は，熱力学第1法則

$$dE = d'Q + d'W \tag{4.42}$$

と見なすことができるだろう．気体の場合には $d'W = -pdV$ と書かれる．よって，

$$\frac{dZ}{Z} = -d\beta\frac{E}{N} + \frac{\beta}{N}pdV \tag{4.43}$$

となる．以上をまとめると，

$$
\begin{aligned}
kd(\log W) &= k[(1+\alpha)dN - Ed\beta + \beta pdV - dN + \beta dE + Ed\beta] \\
&= k[\beta dE + \beta pdV + \alpha dN]
\end{aligned}
\tag{4.44}
$$

となる．これが式 (4.37) と等しくなるためには，

$$\beta = \frac{1}{kT}, \quad \alpha = -\frac{\mu}{kT} \tag{4.45}$$

であればよいことになる．k の値は，温度の目盛りを決めないと決まらない．絶対温度を採用すれば，k は k_B と一致する．

---

[6]量子力学においては，「熱」とは，原子の振動のエネルギーなどである．たとえば，5.6 ～ 5.9 節を参照のこと．

なお，孤立系を扱っているのに温度が登場するのを奇妙に思うかもしれないが，熱力学から $\partial S(E)/\partial E = 1/T$ という関係がある通り，S のエネルギー依存性がわかれば，温度と関係付けられるのである．この点は，第5章でさらに明らかになるであろう．

これで，$k_\mathrm{B} \log W(E, V, N)$ が，熱力学のエントロピーと，積分定数を除いて一致することがわかった．なお，プランクにより，「エントロピーが状態数 W のみの関数なら，エントロピー S は，$S = k \log W$ とならなければならない」という証明が与えられている（章末問題）．

4.6 エントロピーと知識

エントロピー S は，その系に関してもっている知識の量と逆の相関がある．「無知の度合い」ともいえる．

一般に，N 種類の事象からなる統計集団において，$\alpha = 1 \sim N$ 番目の事象が起こる確率を p_α とする．$\sum_\alpha p_\alpha = 1$ である．ここで，「**情報エントロピー**」$\mathcal{S}$ を，

$$\mathcal{S} \equiv - \sum_\alpha p_\alpha \log p_\alpha \tag{4.46}$$

により定義する．

もし，系に関する知識が完全であるなら，どの事象が起きるか知っているのであるから，ある特定の α_0 に対して $p_{\alpha_0} = 1$ で，それ以外の $p_\alpha = 0$ である．このとき，

$$\mathcal{S} = 0 \tag{4.47}$$

である．一方，系に関する知識が皆無であるなら，すべての事象 α に対して $p_\alpha = 1/N$ である．このとき，

$$\mathcal{S} = -N \times \frac{1}{N} \times \log \frac{1}{N} = \log N \tag{4.48}$$

となり，$\mathcal{S}$ は最大になる．よって，$\mathcal{S}$ は無知の程度を表す．

小正準集合を用いた統計力学においては，エネルギー E が同じ状態は等確率 $p_\alpha = 1/W(E, V, N)$ で生じるので，どの状態が起きるかの知識は皆無である．よって，

$$\mathcal{S} = \log W(E, V, N) \tag{4.49}$$

となる．これは，k_B 倍すれば，ボルツマンのエントロピーに等しい．したがって，統計力学は，「**微視的状態については，われわれは完全に無知である**」ということを原理として構成されているともいえる．

4.7　二つの系の熱的接触

　二つの孤立系 A，B があり，それぞれ，粒子数と体積は一定であるとする．A，B 間に粒子のやり取りはないので，

$$\sum_i n_i^A = N_A, \quad \sum_i n_i^B = N_B \tag{4.50}$$

が成り立つ．n_i^A，n_i^B は前節と同じく，系 A，B の一粒子状態 i にいる粒子の数である．

　A，B 間には弱い熱的接触があり，エネルギーは A，B 間を移動できるものとする．しかし，A，B 合せた全系のエネルギーは一定である：$E_A + E_B = E_{tot} =$ 一定．

$$\sum_i \varepsilon_i^A n_i^A + \sum_i \varepsilon_i^B n_i^B = 一定 \tag{4.51}$$

ε_i^A，ε_i^B はそれぞれの系の状態 i のエネルギーである．

　A，B の接触は弱いので，全系の状態数は，A と B の状態数の積で書ける：

$$W_{tot} = W_A \cdot W_B \tag{4.52}$$

全系は孤立系であるから，W_{tot} が最大となるような粒子配置 n_i^A，n_i^B を見つければ，W_{tot} はその最大値で代表できるであろう．よって，ラグランジュの未定乗数法を用い，

$$\begin{aligned}
\log(W_A \cdot W_B) \simeq & -\sum_i n_i^A (\log n_i^A - 1) - \alpha^A \sum_i n_i^A \\
& -\sum_i n_i^B (\log n_i^B - 1) - \alpha^B \sum_i n_i^B \\
& -\beta \left(\sum \varepsilon_i^A n_i^A + \sum \varepsilon_i^B n_i^B \right) \longrightarrow \max
\end{aligned} \tag{4.53}$$

とすればよい．n_i^A，n_i^B について変分することにより，前節と同様の計算により，

$$n_i^A = \frac{N_A}{Z_A} e^{-\beta \varepsilon_i^A} \tag{4.54}$$

$$n_i^B = \frac{N_B}{Z_B} e^{-\beta \varepsilon_i^B} \tag{4.55}$$

を得る．ここで，β が二つの系で共通になっていることに注意されたい．**熱力学の知識から，二つの系が熱的に接触して熱平衡状態になったときに互いに一致する量とは，「温度」である．よって，このことからも，β は温度の関数：$\beta = \beta(T)$ であることがわかる．**

4.8 エントロピー増大則

二つの系が孤立しているとき，それぞれの系のボルツマンのエントロピーを $S_A(E_A, V_A, N_A)$，$S_B(E_B, V_B, N_B)$ とすると，全系のエントロピー S_{A+B} は，

$$S_{A+B}(E, V, N) = S_A(E_A, V_A, N_A) + S_B(E_B, V_B, N_B) \tag{4.56}$$

となる．これは，式 (4.52) による．さて，A と B を熱的に接触させると，$E_A + E_B = E = $ 一定の範囲で，E_A と E_B は変動することができる．そこで，$W_A \cdot W_B \to$ 最大，または，$S_A + S_B \to$ 最大となる場合を探す．$E_B = E - E_A$ に注意して，

$$\frac{\partial}{\partial E_A}[S_A(E_A, V_A, N_A) + S_B(E - E_A, V_B, N_B)]$$
$$= \frac{\partial S_A}{\partial E_A} + \frac{\partial S_B}{\partial E_B}\frac{\partial(E - E_A)}{\partial E_A} = 0 \tag{4.57}$$

このときの E_A を E_A^* とする．よって，

$$\frac{\partial S_A}{\partial E_A^*} = \frac{\partial S_B}{\partial E_B} \tag{4.58}$$

となるが，熱力学の関係式によると，$\partial S/\partial E = 1/T$ であるから，

$$\frac{\partial S_A}{\partial E_A^*} = \frac{\partial S_B}{\partial E_B} = \frac{1}{T} \tag{4.59}$$

ということになる．S_{A+B} の最大値 S_{A+B}^* のまわりで，さらにテイラー展開すると，2 次の係数は，

$$
\begin{aligned}
\frac{\partial^2 S_{A+B}}{\partial E_A^2} &= \frac{\partial^2 S_A}{\partial E_A^2} - \frac{\partial}{\partial E_A}\left(\frac{\partial S_B}{\partial E_B}\right) \\
&= \frac{\partial^2 S_A}{\partial E_A^2} + \frac{\partial^2 S_B}{\partial E_B^2} \\
&= \frac{\partial}{\partial E_A}\frac{1}{T} + \frac{\partial}{\partial E_B}\frac{1}{T} \\
&= -\frac{1}{T^2}\left(\frac{\partial T}{\partial E_A} + \frac{\partial T}{\partial E_B}\right)
\end{aligned}
\tag{4.60}
$$

となるが，$\partial E/\partial T$ は（定積）熱容量であるから，

$$上式 = -\frac{1}{T^2}\left(\frac{1}{C_A} + \frac{1}{C_B}\right) < 0 \tag{4.61}$$

となる．不等号は，熱容量が正であるべきだからである．よって，接触する前には S_{A+B} は一般に最大値から外れたところに位置しているが，接触することにより熱が移動し，全エントロピーが最大値 S^*_{A+B} になって熱平衡状態となる．このとき，全エネルギーは変化しないが，熱が移動することにより，新しい熱平衡状態になったのである．したがって，これは，熱力学第1法則に含まれない，新しい法則，すなわち，熱力学でいうところの，「**熱力学第2法則**」または「**エントロピー最大則**」である．すなわち，ボルツマンの「エントロピーとは状態数の対数である」という定式化によって，エントロピー増大則が簡単に導かれることになった．

4.9 時間の矢

時間は，なぜ一方向のみに進むのだろうか．それとも，人間にとって，一方向に進むように感じられるだけなのだろうか．時間のなぞは，「時間の矢」ともよばれ，古代から論じられてきた．

ミクロな力学からすれば，答は明らかである．力学（古典でも量子でも）では，時間を逆向きに動かした解は必ず存在するから，時間に特別の向きはない．因果律があるというが，それも，ミクロな粒子の衝突過程では，時間を反転した過程が可能なので，「因」と「果」が逆でもかまわない．時間変数が空間変数と異なるのは，「順序」があることのみである．時刻が $t_1 < t_2 < t_3 < \cdots$ であるとき，順序を全体に逆転することは可能だが，でたらめにたどることはできない．「時間」とは，「順序」である．

しかし，多粒子の系では，事情が異なる．「現在」から見て，微小な時刻ののちの状態は非常にたくさんある．しかし，その中でも，**ある特定の一群の，エントロピーを最大にする状態が，圧倒的に大きな割合を占める．よって，この特別な状態に向かって時間が進むように感じられる**．これは，時間を逆転しても同じであって，やはり，圧倒的に大きな割合を占めるような状態が存在する方向に時間が「進む」と感じるであろう[7]．4次元時空の中の時間軸のどちらの方向が「時間の進む方向」となったのかは，わかりづらい問題だが，宇宙の初

---

[7]エントロピーが減少する現象（生物などにおける秩序の形成など）もあるが，あまり目立たない．そのために人間は，大多数の不可逆な現象によって，時間の向きを判定しているように思える．

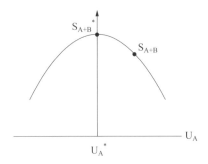

図 4.2: A, B 合せた系のエントロピーの図. はじめ S_{A+B} は最大値から外れたところに位置しているが, 接触することにより熱が移動し, 全エントロピーが最大値 S^*_{A+B} になって熱平衡状態となる.

めは混とんとしていて, 時間の特別の方向はなかったであろう. だんだん秩序ができて, 不可逆な過程が区別されるようになり, 時間の一方向性も生まれたのであろう.

4.10 理想気体

粒子間に相互作用のない,「理想気体」を考察しよう. 本来, 相互作用がなければ, 熱平衡状態に到達することはできないのだが, ここでは, 弱い相互作用があって, 熱平衡状態になっているものとする.

理想気体の状態数はすでに式 (4.10) で求めた. ボルツマンのエントロピー公式 (4.35) に代入すると,

$$S(E,V,N,\Delta E) = k_B \left[\log \frac{V^N}{N!} + \log \left(\frac{(2\pi m E)^{3N/2}}{h^{3N} \Gamma(\frac{3N}{2}+1)} \frac{3N\Delta E}{2E} \right) \right] \quad (4.62)$$

となるが, スターリングの公式の簡易版より $N! \simeq (N/e)^N$ (e は自然対数の底), および, $\Gamma(3N/2+1) = (3N/2)!$ と書けることを用いて,

$$\begin{aligned} S &\simeq k_B \left[\log \frac{V^N}{(N/e)^N} + \log \frac{(2\pi m E)^{3N/2}}{h^{3N}(3N/2e)^{3N/2}} + \log \frac{3N\Delta E}{2E} \right] \\ &= N k_B \left[\log \frac{V}{N} + \frac{3}{2} \log \frac{4\pi m E}{h^2 3N} + \frac{5}{2} + \frac{1}{N} \log \frac{3N\Delta E}{2E} \right] \end{aligned} \quad (4.63)$$

となる. 最後の項は, 他の項に比べて $1/N$ だけ小さいので無視できる. 第 3 項は定数項である. そういう意味では, さらに,

と書いてもよい. ここで, ギブスの補正のおかげで, $N \to 2N$, $V \to 2V$ と物質の量を2倍にすると, エントロピーも $S \to 2S$ と2倍になる「**示量性**」の性質を満たすようになったことに注意してほしい.

$(\partial S/\partial E)|_{N,V} = 1/T$ を用いると,

$$\left(\frac{\partial S}{\partial E}\right)\bigg|_{N,V} = \frac{3}{2}Nk_{\mathrm{B}}\frac{1}{E} = \frac{1}{T} \tag{4.65}$$

だから, 等分配則

$$E = \frac{3}{2}Nk_{\mathrm{B}}T \tag{4.66}$$

を得る. すると, エントロピーは,

$$S \simeq Nk_{\mathrm{B}}\left[\log\frac{V}{N} + \frac{3}{2}\log T + 定数\right] \tag{4.67}$$

と書いてもよい.

熱力学の基礎方程式 (4.37) から, 粒子数一定のとき,

$$\mathrm{d}S = \frac{1}{T}\mathrm{d}E + \frac{p}{T}\mathrm{d}V \tag{4.68}$$

と書ける. $\mathrm{d}E = C_V\mathrm{d}T$ と, 理想気体の状態方程式 $PV = nRT$ (n はモル数) を用いると,

$$\mathrm{d}S = \frac{C_V}{T}\mathrm{d}T + \frac{nR}{V}\mathrm{d}V \tag{4.69}$$

となる. これを積分し, 単原子理想気体の比熱 $C_V = nR$ を用いると,

$$S = \frac{3nR}{2}\log T + nR\log V + 定数 \tag{4.70}$$

となる. $nR = Nk_{\mathrm{B}}$ を用いれば, これは, 式 (4.67) と一致している.

4.11　2準位系

結晶中に, エネルギー準位が 0 と $\Delta(> 0)$ の二つの準位をもつ原子が N 個あるとする. この系を小正準集合の方法で扱ってみよう.

58　　　　　　　　　　　　　　　　　　第 4 章　小正準集合とエントロピー

N 個の原子のうち n 個がエネルギー Δ の準位に，$N-n$ 個が 0 の準位にいるとする．このような場合の数は，

$$W(n) = \frac{N!}{n!(N-n)!} \tag{4.71}$$

である．このときのエネルギーは

$$E = n\Delta \tag{4.72}$$

である．エントロピーは，ボルツマンの公式 (4.35) により，

$$
\begin{aligned}
S(n) &= k_{\mathrm{B}} \log W(n) \\
&\simeq k_{\mathrm{B}} \left[(N \log N - N) - (n \log n - n) \right. \\
&\quad \left. - ((N-n) \log(N-n) - (N-n)) \right]
\end{aligned} \tag{4.73}
$$

で与えられる．これと，熱力学の公式を組み合わせて，

$$
\begin{aligned}
\frac{1}{T} &= \frac{\partial S}{\partial E} \\
&= \frac{k_{\mathrm{B}}}{\Delta} \frac{\partial S(n)}{\partial n} \\
&= \frac{k_{\mathrm{B}}}{\Delta} \log \frac{N-n}{n}
\end{aligned} \tag{4.74}
$$

を得る．これを n について解くと，

$$n = \frac{N}{e^{\Delta/k_{\mathrm{B}}T} + 1} \tag{4.75}$$

となる．エネルギーは

$$E = \frac{N\Delta}{e^{\Delta/k_{\mathrm{B}}T} + 1} \tag{4.76}$$

となる．定積比熱は，

$$C_V = \frac{\partial E}{\partial T} = N k_{\mathrm{B}} \left(\frac{\Delta}{k_{\mathrm{B}}T} \right)^2 \frac{e^{\Delta/k_{\mathrm{B}}T}}{(e^{\Delta/k_{\mathrm{B}}T} + 1)^2} \tag{4.77}$$

となる．低温と高温の極限では，

$$\xrightarrow{k_{\mathrm{B}}T \ll \Delta} N k_{\mathrm{B}} \left(\frac{\Delta}{k_{\mathrm{B}}T} \right)^2 e^{-\Delta/k_{\mathrm{B}}T} \tag{4.78}$$

$$\xrightarrow{k_{\mathrm{B}}T \gg \Delta} N k_{\mathrm{B}} \left(\frac{\Delta}{2k_{\mathrm{B}}T} \right)^2 \tag{4.79}$$

4.11. 2準位系

となる．図4.3に，比熱の温度依存性を示した．この系と類似の系は，いたるところに見られる．**実験で測定した比熱に，このようなピークが見られたら，その物質には2本の準位が存在し，ピーク位置の温度の約 $2k_B$ 倍が準位の間隔である，と解釈するのが妥当である．**

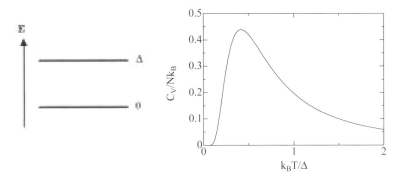

図 4.3: 左図は，2準位系のエネルギー準位．右図は，2準位系の比熱の温度依存性．準位の間隔 Δ の約半分のところに，$k_B T$ のピークがくる．

　小正準集合は，実際の計算が，ほとんど，相互作用のない理想系にしか行えず，実用的には有用とはいえない．しかし，ボルツマンのエントロピー公式の導出や，エントロピー増大則のミクロな解釈など，統計力学の基礎付けにとっては重要である．それに対して，実際の計算は，次章で導入する「正準集合」の方が，はるかに便利である．

章末問題

1. エントロピー S が加法的で，かつ，状態数 W のみの関数なら，エントロピーは，$S = k \log W$（k は定数）とならなければならないことを証明せよ．
2. 式 (4.32) の状態数 $W_{\{n_i\}}$ は，$W_{\{n_i^*\}}$ を中心として，鋭いピークをもった関数となっていることを示せ．
3. N 個の原子からなる結晶から n 個の原子が抜けた結果，内部に n 個の原子空孔ができる．これをショットキー（Schottky）型格子欠陥という．1個の原子空孔を作るのに必要なエネルギーを w とするとき，温度 T の熱平衡状態での n を求めよ．

第5章 正準集合と自由エネルギー

この章では，対象とする「系」が，より大きな「熱浴」と接していて，「熱浴」との間でエネルギー（熱）の交換が可能な場合を考える．このような「系」が従う分布を「**正準分布**」といい，これに従う事象の集団を，「**正準集合**」という．正準集合は，計算がしやすいため，統計力学において，もっともよく用いられる重要なものである．

5.1 正準分布の導出

小正準集合では，扱っている系が孤立系であるとしたため，その全エネルギーは一定であった．本章では，この「系 S」が「熱浴 B」とよばれるずっと大きな系と接触しており，熱のやり取りが可能であるとする．熱浴は，熱力学の意味で，温度 T が一定の熱平衡状態になっているとする．また，系との多少のエネルギーのやり取りでは，熱平衡状態は乱されないものとする．「系 S」＋「熱浴 B」の全体（「全系 S+B」とよぼう）は孤立系であり，その全エネルギー E_{S+B} は一定で，また，小正準集合として取り扱うことができる．以下では N, V は一定なので，しばらく表示しないことにする．

さて，系は熱浴とエネルギーのやり取りをするので，系のエネルギー E は一

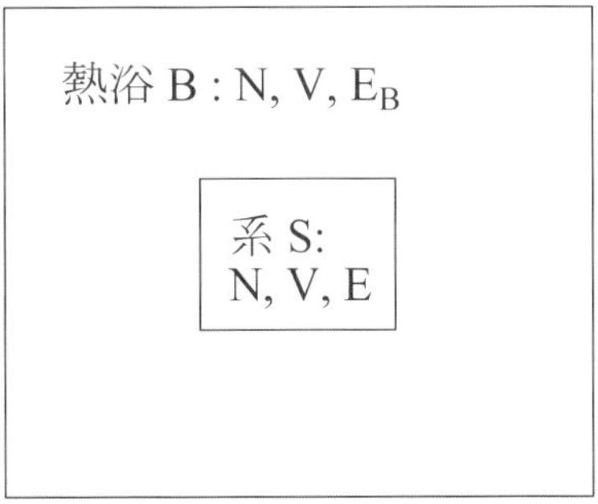

図 5.1: 系 S と熱浴 B.

定ではない．系がエネルギー E のとき，熱浴のエネルギーは $E_B = E_{S+B} - E$ となるから，系のエネルギーが E と $E + \Delta E$ の間にある確率は

$$p(E)\Delta E = \frac{W_S(E)W_B(E_{S+B} - E)}{W_{S+B}(E_{S+B})} \tag{5.1}$$

となる．ここで，$W_S(E)$, $W_B(E)$, $W_{S+B}(E)$ はそれぞれ系，熱浴，全系についてのエネルギー E と $E + \Delta E$ の範囲の状態数である．$W_B(E)$ は，前章で見たように，E の急激な増加関数なのだが，その対数を取ったもの $\log W_B(E)$ は緩やかな関数と見なせるうえ，$E \ll E_{S+B}$ であるので，次のようにテイラー展開することができる：

$$\log W_B(E_{S+B} - E) \simeq \log W_B(E_{S+B}) - \frac{\partial \log W_B(E_{S+B})}{\partial E_{S+B}}E + \cdots \tag{5.2}$$

よって

$$W_B(E_{S+B} - E) \simeq W_B(E_{S+B})e^{-\beta E} \tag{5.3}$$

$$\beta \equiv \frac{\partial \log W_B(E_{S+B})}{\partial E_{S+B}} \tag{5.4}$$

となるが，第 2 式は，ボルツマンの関係式 (4.35) と $E_{S+B} \simeq E_B$ および熱力学の関係式 $\partial S/\partial E = 1/T$ を用いると，$\beta = 1/k_B T$ となる．

これを式 (5.1) に代入するのだが，$W_S(E, V, N, \Delta E)$ はエネルギーが E と $E + \Delta E$ の間にあるような微視的な状態数なので ΔE にも依存する．そこで，第 4 章で導入した状態密度 $\Omega(E, V, N)$ を用いて，$W_S(E, V, N, \Delta E) = \Omega(E, V, N)\Delta E$ と書ける．ここでも，N, V を省略して，$\Omega(E, V, N) \equiv \Omega(E)$ と書こう．これを用い，式 (5.1) から

$$p(E)\Delta E = \Omega(E)\Delta E \frac{W_B(E_{S+B})e^{-\beta E}}{W_{S+B}(E_{S+B})} \tag{5.5}$$

を得るが，規格化から

$$\int_0^\infty p(E)\mathrm{d}E = \int_0^\infty \Omega(E)e^{-\beta E}\mathrm{d}E \times \frac{W_B(E_{S+B})}{W_{S+B}(E_{S+B})} = 1 \tag{5.6}$$

が必要なので，

$$\left(\frac{W_B(E_{S+B})}{W_{S+B}(E_{S+B})}\right)^{-1} = \int_0^\infty \Omega(E)e^{-\beta E}\mathrm{d}E \tag{5.7}$$

5.1. 正準分布の導出

となる．この右辺を $Z(T, V, N)$ と書いて，**分配関数**とよぶ．よって，エネルギーが E の状態の出現確率は，

$$
p_{V,N}(E) = p(E, V, N) = \frac{\Omega(E, V, N)e^{-\beta E}}{Z(T, N, V)} \tag{5.8}
$$

$$
Z(T, V, N) = \int_0^\infty \Omega(E, V, N)e^{-\beta E}\mathrm{d}E \tag{5.9}
$$

と求まる．（ここで N, V を復活した．）すなわち，**系 S においてエネルギーが E となるような微視的な状態の出現確率 $p_{N,V}(E)$ は**，$\exp(-\beta E)$ **に比例すること**になった．逆に，このようになっているような状態の集団を「**正準集合**」という．また，分配関数が，小正準集合で中心的役割を果たした量である $\Omega(E, V, N)$ の，エネルギーに関するラプラス変換になっていることにも注意したい．これによって，独立変数が，E から，T に変わっている．

分配関数 $Z(T, V, N)$ は式 (4.13) と式 (5.9) から次のようにも書ける．

$$
Z(T, V, N) = \sum_n e^{-\beta E_n} = \sum_n e^{-E_n/k_\mathrm{B}T} \tag{5.10}
$$

E_n は，系 S の固有エネルギーであることに注意しよう．すなわち，分配関数は，理想系でなくとも，系 S の固有エネルギーが求まっていれば簡単に計算ができる．ここで，$\Omega(E, V, N)$ がないのは，固有状態について和をとるときに，単位のエネルギーの幅の範囲で固有エネルギーが等しい状態の数 $\Omega(E, V, N)$ を，一つ一つ独立に勘定しているためである．$\Omega(E, V, N)$ 個の状態を一まとめにした式が，式 (5.9) である．式 (5.10) はまた，量子力学の行列表示を用いて，

$$
Z(T, V, N) = \mathrm{Tr}\left(e^{-\beta \mathcal{H}_S}\right) \tag{5.11}
$$

とも書くことができる．Tr は対角和で，行列の対角項の和を意味する．

しかし，このままでは，$Z(T, V, N)$ の物理的な意味がわからないので，それを次節で見てみよう．

5.2 熱力学との関係

前節で導入した分配関数 $Z(T, V, N)$ の対数の全微分をとってみよう．式 (5.10) で，変化し得るのは E_n と $\beta = 1/k_B T$ であるから，

$$\mathrm{d}(\log Z) = -\beta \frac{\sum_n \mathrm{d}E_n e^{-\beta E_n}}{\sum_n e^{-\beta E_n}} - \mathrm{d}\beta \frac{\sum_n E_n e^{-\beta E_n}}{\sum_n e^{-\beta E_n}} \tag{5.12}$$

である．第 2 項は $-\mathrm{d}\beta\langle E\rangle$ と書ける．また第 1 項において，E_n の変化 $\mathrm{d}E_n$ は外からの仕事によって純粋に力学的に引き起こすことができる．したがって，$\sum_n \mathrm{d}E_n e^{-\beta E_n} / \sum_n e^{-\beta E_n}$ は熱力学における外からの仕事 $\mathrm{d}W$ に対応していると考えることができる．よって，$\beta = 1/k_B T$ を用いて，

$$\mathrm{d}(\log Z) = \frac{1}{k_B} \left(-\frac{\mathrm{d}W}{T} + \frac{\langle E\rangle}{T^2} \right) \tag{5.13}$$

と書ける．

ところで，天下り的ではあるが，熱力学におけるヘルムホルツの自由エネルギー $F = E - TS$ を思い起こそう．ここでは，E, T, S はそれぞれ，熱力学における内部エネルギー，温度，エントロピーである．この F の全微分は，熱力学の基本式 $\mathrm{d}E = T\mathrm{d}S + \mathrm{d}W$ を用い，

$$\mathrm{d}F = \mathrm{d}W - S\mathrm{d}T \tag{5.14}$$

となるが，この式は容易に

$$\mathrm{d}\left(-\frac{F}{T} \right) = -\frac{\mathrm{d}W}{T} + \frac{E}{T^2}\mathrm{d}T \tag{5.15}$$

と変形できる．この式と上の $\mathrm{d}(\log Z)$ を比べてみると，積分定数を除いて，

$$F(T, V, N) = -k_B T \log Z(T, V, N) \tag{5.16}$$

により自由エネルギーが与えられることになる．ここで，ヘルムホルツの自由エネルギーは，ちょうど T, V, N を独立変数としていたことを思い起こそう．

$Z(T, V, N)$ が $F(T, V, N)$ に結び付けられたので，各種の物理量は $F(T, V, N)$ から熱力学の関係式を用いて計算することができる．一方，計算したい物理量 A に対応する量子力学的演算子を $\hat{A}$ とすると，温度 T における物理量 A の統

5.2. 熱力学との関係

計平均は

$$\langle A \rangle = \frac{\sum_n \langle n|\hat{A}|n\rangle e^{-\beta E_n}}{\sum_n e^{-\beta E_n}} \tag{5.17}$$

によっても求まる.たとえばエネルギーの平均値は

$$\langle E \rangle = \frac{\sum_n E_n e^{-\beta E_n}}{\sum_n e^{-\beta E_n}} \tag{5.18}$$

となる.この式は,

$$\langle E \rangle = \frac{\partial \log Z(T,V,N)}{\partial(-\beta)} = \frac{\partial(\beta F)}{\partial \beta} \tag{5.19}$$

からも求めることができる.実用上は,この形が便利である.

　正準集合の方法の長所は,小正準集合と異なり,エネルギー一定の条件なく分配関数の計算を行えばよいことである.分配関数は,系のエネルギー準位が求まっていれば(現実の系では,なかなか求まらないことも多いが)簡単に計算することができる.

　なお,**系のエネルギーが,独立な N 個の部分の和**

$$E_n = \varepsilon_{i_1} + \cdots + \varepsilon_{i_N} \tag{5.20}$$

の形に書けているとき (N **個の粒子間に相互作用がないときも同様である**),分配関数は,

$$\begin{aligned} Z &= \sum_{i_1} \cdots \sum_{i_N} \exp[-\beta(\varepsilon_{i_1} + \cdots + \varepsilon_{i_N})] \\ &= \prod_{k=1}^{N}\left[\sum_{i_k} e^{-\beta \varepsilon_{i_k}}\right] = \left[\sum_i e^{-\beta \varepsilon_i}\right]^N \end{aligned} \tag{5.21}$$

となることに注意しておく.さらに,N 個の粒子がまったく同等で区別がつかないものであれば,ギブスの補正をして,

$$Z = \frac{1}{N!}\left[\sum_i e^{-\beta \varepsilon_i}\right]^N \tag{5.22}$$

とする.ただし,同じ粒子であっても,動くことができない場合は,この補正は必要ない.

5.3 小正準集合との関係

正準分布の導出では，式 (5.2) で，$\log W_{\mathrm{B}}(E_{\mathrm{S+B}} - E)$ を E についてテイラー展開した．状態数 $W(E)$ は，小正準集合で中心となる量であった．

今度は，分配関数 (5.9)

$$Z(T, V, N) = \int_0^\infty \Omega(E, V, N) e^{-\beta E} \mathrm{d}E \tag{5.23}$$

を用いて，小正準集合との関係を調べよう．$\Omega(E, V, N)$ は，たとえば式 (4.10) のような，$E^{3N/2}$ などの急激な増加関数，$e^{-\beta E}$ は E に関してより強い減少関数であるから，その積はどこかで最大値となるはずである．そのエネルギーを E^* として，そのまわりでテイラー展開する．まず，

$$
\begin{aligned}
Z(T, V, N) &= \Omega(E^*, V, N) e^{-\beta E^*} \\
&\quad \times \int_0^\infty e^{-\beta(E-E^*) + \log \Omega(E,V,N) - \log \Omega(E^*,V,N)} \mathrm{d}E
\end{aligned}
\tag{5.24}
$$

と変形しておいて，[1]

$$
\begin{aligned}
&\log \Omega(E, V, N) - \log \Omega(E^*, V, N) \\
&= \frac{\partial \log \Omega(E^*, V, N)}{\partial E^*}(E - E^*) + \frac{1}{2}\frac{\partial^2 \log \Omega(E^*, V, N)}{\partial E^{*2}}(E - E^*)^2 \\
&\quad + \cdots
\end{aligned}
\tag{5.25}
$$

と展開する．右辺第 1 項の係数は，ボルツマンの関係 $S = k_{\mathrm{B}} \log W$ を用いると，

$$\frac{\partial \log \Omega(E^*, V, N)}{\partial E^*} = \frac{\partial S(E^*, V, N)}{k_{\mathrm{B}} \partial E^*} = \frac{1}{k_{\mathrm{B}} T} = \beta \tag{5.26}$$

となる．2 次の項の係数は，

$$\frac{\partial}{\partial E^*}\left(\frac{1}{k_{\mathrm{B}} T}\right) = -\frac{1}{k_{\mathrm{B}} T^2}\frac{\partial T}{\partial E^*} = -\frac{1}{k_{\mathrm{B}} T^2}\frac{1}{C_V} \equiv -\frac{1}{\sigma_{E^*}^2} \tag{5.27}$$

となる．C_V は系の定積熱容量であるので，N に比例する正のマクロな量である．右辺最後で定義した $\sigma_{E^*}^2$ はエネルギーの分散であることがあとでわかる．

以上から，

$$Z(T, V, N) \simeq \Omega(E^*, V, N) e^{-\beta E^*} \int_0^\infty e^{-(E-E^*)^2/2\sigma_{E^*}^2} \mathrm{d}E \tag{5.28}$$

---

[1] $\exp x$ や $\log x$ の引数 x は無次元でなければならないが，$x = x_1/x_2$ であって x_1，x_2 ともに同じ次元の場合には，$\log x = \log x_1 - \log x_2$ としても構わない．

5.3. 小正準集合との関係

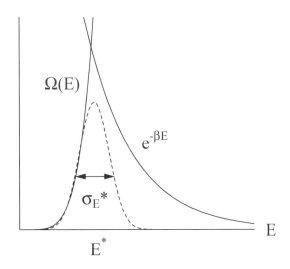

図 5.2: $\Omega(E)$ と $e^{-\beta E}$ (ともに実線), および, それらの積 (破線).

となる. 被積分関数はガウス型であるが, 中心 E^* は $O(N)$ である一方, その幅は $\sigma_{E^*} \sim O(\sqrt{N})$ であって, 圧倒的に小さい. すなわち, 被積分関数は, E^* を中心とした鋭いピークをなしている. そこで積分の下限を $-\infty$ としてもかまわないので, ガウス積分の公式から $\sqrt{2\pi}\sigma_{E^*}$ となる. よって,

$$Z(T,V,N) \simeq \sqrt{2\pi}\sigma_{E^*}\Omega(E^*,V,N)e^{-\beta E^*} \tag{5.29}$$

となる.

なお, $Z(T,V,N) = e^{-F(T,V,N)/k_\mathrm{B}T}$, $\Omega(E,V,N)\Delta E = e^{S(E,V,N)/k_\mathrm{B}}$ であるので,

$$F(T,V,N) = E^* - TS(E^*,V,N) - k_\mathrm{B}T\log(\sqrt{2\pi}\sigma_{E^*}/\Delta E) \tag{5.30}$$

となるが, F, E^*, S は示量的 (N に比例する) であるのに対し, 右辺第 3 項はそうではなく, ずっと小さな量で, 無視することができる. E^* は T の関数として決まっている. よって, $\Omega(E,V,N)$ のラプラス変換の式から, 熱力学で用いられるヘルムホルツの自由エネルギーとエントロピーとの関係

$$F(T,V,N) = E^* - TS(E^*,V,N) \tag{5.31}$$

が, 5.2 節とは別のやり方で, 自然に導出できたことになる.

なお，E から $F = E - TS$ への変換は，熱力学では，**ルジャンドル変換**といわれる．$-TS(E, V, N)$ は E に関して，下に凸の関数であるから（$S(E, V, N)$ はエントロピー最大の法則から，上に凸で，最大値をもっていないといけない），$E - TS(E, V, N)$ も下に凸の関数である．自由エネルギー極小の原理から E^* が T の関数として決まる．これに対して，正準集合では，ラプラス変換の被積分関数の極大値によって決まる．

次に，物理量 A の平均値について同様にして考察しよう．物理量 A の平均値は，式 (5.17) に従って，

$$\langle A \rangle_{\mathrm{C}} = \frac{1}{Z(T, V, N)} \sum_n \langle n | \hat{A} | n \rangle e^{-\beta E_n} \tag{5.32}$$

によって計算される．ここで，正準集合による平均値であることを強調するために，添字 C を付けておいた．この式は，

$$\langle A \rangle_{\mathrm{C}} = \frac{1}{Z(T, V, N)} \int_0^\infty \mathrm{d}E \sum_n \langle n | \hat{A} | n \rangle \delta(E - E_n) e^{-\beta E} \tag{5.33}$$

と書ける．一方，小正準集合による A の平均値を $\langle A \rangle_{\mathrm{MC}}$ と書くと，

$$\langle A \rangle_{\mathrm{MC}}(E) = \frac{1}{W(E, V, N)} \sum_n \langle n | \hat{A} | n \rangle \Big|_{E_n = E} \tag{5.34}$$

で与えられるが，エネルギーがちょうど E に等しい状態だけをとるのは計算しにくいので，$[E,\ E + \Delta E]$ の区間にある状態を用いることにすると，分母は $W(E, V, N) \to W(E, V, N, \Delta E) \simeq \Omega(E, V, N) \Delta E$ と変更される．それに合せて分子にも幅をつけると，

$$\begin{aligned}
\langle A \rangle_{\mathrm{MC}}(E) &= \frac{1}{\Omega(E, V, N) \Delta E} \int_E^{E + \Delta E} \mathrm{d}E \sum_n \langle n | \hat{A} | n \rangle \delta(E - E_n) \\
&= \frac{1}{\Omega(E, V, N)} \sum_n \langle n | \hat{A} | n \rangle \delta(E - E_n)
\end{aligned} \tag{5.35}$$

と書ける．すなわち，

$$\sum_n \langle n | \hat{A} | n \rangle \delta(E - E_n) = \langle A \rangle_{\mathrm{MC}} \Omega(E, V, N) \tag{5.36}$$

となる．これを，$\langle A \rangle_{\mathrm{C}}$ の式に代入すると，

$$\langle A \rangle_{\mathrm{C}} = \frac{e^{\beta E^*}}{\sqrt{2\pi} \sigma_{E^*} \Omega(E^*)} \int_0^\infty \mathrm{d}E \langle A \rangle_{\mathrm{MC}}(E) \Omega(E) e^{-\beta E} e^{-(E - E^*)^2 / 2\sigma_{E^*}^2} \tag{5.37}$$

5.3. 小正準集合との関係

となる.ただし,上で求めた $Z(T, V, N)$ の近似式を代入し,煩雑さを避けるために,N, V は省略した.$e^{-(E-E^*)^2/2\sigma_{E^*}^2}$ が E^* のまわりで鋭いピークをもつ関数であるので,$\langle A \rangle_{\mathrm{MC}}(E)$ は E^* の付近でゆっくり変化する関数であると仮定し,E^* のまわりでテイラー展開すると,

$$
\begin{aligned}
\langle A \rangle_{\mathrm{C}} &= \frac{1}{\sqrt{2\pi}\sigma_{E^*}} \int_0^\infty \mathrm{d}E \left[\langle A \rangle_{\mathrm{MC}}(E^*) + \frac{\partial \langle A \rangle_{\mathrm{MC}}(E^*)}{\partial E^*}(E - E^*) \right. \\
&\quad \left. + \frac{1}{2}\frac{\partial^2 \langle A \rangle_{\mathrm{MC}}(E^*)}{\partial E^{*2}}(E - E^*)^2 + \cdots \right] e^{-(E-E^*)^2/2\sigma_{E^*}} \quad (5.38)
\end{aligned}
$$

となる.最後のガウス関数は E^* のまわりでの鋭い関数であるので,積分の下限を $-\infty$ まで拡張してもよい.すると,第2項は奇関数なので,積分して0となる.第1項と第3項の積分を実行すると,

$$
\langle A \rangle_{\mathrm{C}} = \langle A \rangle_{\mathrm{MC}}(E^*) + \frac{1}{2}\sigma_{E^*}{}^2 \frac{\partial^2 \langle A \rangle_{\mathrm{MC}}(E^*)}{\partial E^{*2}} + \cdots \quad (5.39)
$$

となる.右辺第2項が,正準集合と小正準集合による A の平均値の違いである.

例として,まず $A = \mathcal{H}$(エネルギー)を考えよう.小正準集合では,エネルギーは一定であるから,$\langle \mathcal{H} \rangle_{\mathrm{MC}}(E^*) = E^*$ である.正準集合でも,$\partial^2 \langle \mathcal{H} \rangle_{\mathrm{MC}}(E^*)/\partial E^{*2} = \partial^2 E^*/\partial E^{*2} = 0$ なので,$\langle \mathcal{H} \rangle_{\mathrm{C}}(E^*) = E^*$ である.

ところが,A として,$\mathcal{H}^2$ をとると,$\langle \mathcal{H}^2 \rangle_{\mathrm{MC}}(E^*) = E^{*2}$ であるが,

$$
\begin{aligned}
\langle \mathcal{H}^2 \rangle_{\mathrm{C}} &= \langle \mathcal{H}^2 \rangle_{\mathrm{MC}}(E^*) + \frac{1}{2}\sigma_{E^*}{}^2 \frac{\partial^2 \langle \mathcal{H} \rangle_{\mathrm{MC}}^2(E^*)}{\partial E^{*2}} \\
&= \langle \mathcal{H}^2 \rangle_{\mathrm{MC}}(E^*) + \sigma_{E^*}{}^2 \quad (5.40)
\end{aligned}
$$

となって,$\sigma_{E^*}{}^2 = k_{\mathrm{B}}T^2 C_V \sim O(N)$ だけ差が生じる.$\langle \mathcal{H}^2 \rangle_{\mathrm{C}}$,$\langle \mathcal{H}^2 \rangle_{\mathrm{MC}}(E^*) \sim O(N^2)$ であるから,この差は小さい,しかし,無視できるわけではない.この関係は,$\langle \mathcal{H} \rangle_{\mathrm{C}} = \langle \mathcal{H} \rangle_{\mathrm{MC}}$ を用いると,

$$
\begin{aligned}
C_V &= \frac{1}{k_{\mathrm{B}}T^2}\left(\langle \mathcal{H}^2 \rangle_{\mathrm{C}} - (\langle \mathcal{H} \rangle_{\mathrm{C}})^2 \right) \\
&= \frac{1}{k_{\mathrm{B}}T^2}\langle (\mathcal{H} - \langle \mathcal{H} \rangle_{\mathrm{C}})^2 \rangle_{\mathrm{C}} \quad (5.41)
\end{aligned}
$$

と書ける.すなわち,**熱容量が,エネルギーの分散で書き表される**.$\langle \mathcal{H}^2 \rangle_{\mathrm{C}}$,$\langle \mathcal{H}^2 \rangle_{\mathrm{MC}}(E^*)$ が $O(N^2)$ で大きいのに対し,その差は大部分打ち消し,$O(N)$ の大きさの熱容量という重要な物理量を与える.

一方,小正準集合ではエネルギーが一定であるから,熱容量が計算できない

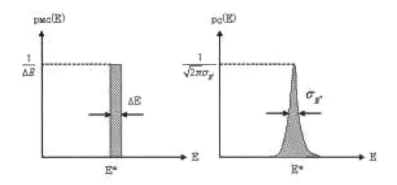

図 5.3: 小正準集合の分布関数 $p_{\mathrm{MC}}(E)$ と，正準集合の分布関数 $p_{\mathrm{C}}(E)$. ともに鋭いピークの形をしており，斜線部の面積は 1 で規格化されている.

かというと，そんなことはなく，

$$C_{\mathrm{V}} = -\frac{1}{T^2}\left(\frac{\partial^2 S(E)}{\partial E^2}\right)^{-1} \tag{5.42}$$

により計算できる. E は $\partial S/\partial E = 1/T$ により，T の関数となっている.

結局，小正準集合と正準集合を比較すると，その分布関数は，図 5.3 のようになる. 両者とも，分布関数はエネルギー E^* を中心とした鋭い分布になっている. しかし，小正準集合では，分布関数は矩形で，その幅 ΔE はいくらでも小さくとれる. それに対し，正準集合では，分布関数の形は近似的にガウス関数であり，その幅は $\sigma_{E^*} = (k_{\mathrm{B}} T^2 C_{\mathrm{V}})^{1/2}$ で，温度に依存する. 多くの物理量は，どちらで計算しても同じ結果を与えるが，$\mathcal{H}$ と可換でない量については，小正準集合でも揺らぎをもっていることに注意する必要がある.

5.4 理想気体

正準集合の応用として，小正準集合で扱った系を再度扱い，比較してみよう. まず，理想気体を扱うが，原子間の相互作用がまったくないと，熱平衡状態にならないから，弱い相互作用があって，熱平衡状態に達したとして，その状態を計算する.

N 個の単原子からなる理想気体の固有エネルギーは，

$$E_n = \sum_{i=1}^{N} \frac{p_i^2}{2m} \tag{5.43}$$

5.5. 2準位系　　　　　　　　　　　　　　　　　　　　　　　　　　71

で与えられる．分配関数は，

$$
\begin{aligned}
Z(N,V,T) &= \sum_n e^{-\beta E_n} \\
&= \frac{1}{N!} \sum_{\boldsymbol{p}_1} \cdots \sum_{\boldsymbol{p}_N} \exp\left[-\frac{\beta}{2m}(\boldsymbol{p}_1^2 + \cdots + \boldsymbol{p}_N^2)\right] \\
&= \frac{V^N}{N! h^{3N}} \int \mathrm{d}\boldsymbol{p}_1 \cdots \int \mathrm{d}\boldsymbol{p}_N \exp\left[-\frac{\beta}{2m}(\boldsymbol{p}_1^2 + \cdots + \boldsymbol{p}_N^2)\right] \\
&= \frac{V^N}{N! h^{3N}} \left(\frac{2\pi m}{\beta}\right)^{3N/2}
\end{aligned}
\tag{5.44}
$$

と計算される．ここでも，N 個の原子は互いに区別がつかないとして，$N!$ で割った．また，スターリングの公式は使わないで済むことに注意してほしい．

ヘルムホルツの自由エネルギー F は，

$$
\begin{aligned}
F &= -k_{\mathrm{B}} T \log Z \\
&= -k_{\mathrm{B}} T \left[\log\left(\frac{V^N}{N!}\right) + \frac{3N}{2}\log\left(\frac{2\pi m k_{\mathrm{B}} T}{h^2}\right)\right]
\end{aligned}
\tag{5.45}
$$

となる．エネルギーの平均値は，

$$
E = \frac{\partial(\beta F)}{\partial \beta} = \frac{3N}{2}\frac{\partial}{\partial \beta}\log\beta = \frac{3N}{2}k_{\mathrm{B}} T
\tag{5.46}
$$

定積比熱は，

$$
C_{\mathrm{V}} = \frac{\partial E}{\partial T} = \frac{3}{2}N k_{\mathrm{B}} = \frac{3}{2}nR
\tag{5.47}
$$

となる．n はモル数，R は気体定数である．量子統計力学で計算しているにもかかわらず，これは単原子理想気体に関するよく知られた古典的な結果である．それは，ここでは，N 個の原子全体の波動関数を，個々の原子の波動関数の積 (3.55) で近似しているためである．第6章で示すように，粒子の入れ換えに関する性質（量子統計）を考慮すると，低温で顕著な量子効果が現れる．

5.5　2準位系

次に，小正準集合の章でも扱った，2準位系を，再度扱ってみよう．結晶中に N 個の原子があって，それぞれ，エネルギー準位 0 と Δ をもっている．n

個が準位 Δ, 残りが準位 0 にいる場合のエネルギーは $E_n = n\Delta$, 場合の数は $W(n) = N!/n!(N-n)!$ なので, 分配関数は,

$$
\begin{aligned}
Z(T,V,N) &= \sum_n e^{-\beta E_n} = \sum_{n=0}^{N} \frac{N!}{n!(N-n)!} e^{-\beta\Delta n} \\
&= (1 + e^{-\Delta/k_{\mathrm{B}}T})^N
\end{aligned}
\tag{5.48}
$$

と求まる. 最初の $\sum_n e^{-\beta E_n}$ は, すべての可能な状態 n についての和であるが, 第 2 の $\sum_{n=0}^{N}$ は, エネルギー $E_n = n\Delta$ が同じ状態が $W(n)$ 個あるので, それをまとめてから和をとっている. 2 行目の結果を得るには, 2 項展開の公式を用いた. 小正準集合の場合と違って, スターリングの近似公式を用いる必要がないことに注意してほしい.

$Z(T,V,N)$ が求まると, ヘルムホルツの自由エネルギー

$$
F(T,V,N) = -k_{\mathrm{B}}T \log Z(T,V,N) = -Nk_{\mathrm{B}}T \log(1 + e^{-\Delta/k_{\mathrm{B}}T})
\tag{5.49}
$$

が求まる. エネルギーの平均値 $\langle E \rangle$ は, F から, $S = -\partial F/\partial T$ によりエントロピーを求めて, $E = F + TS$ より計算することもできるが, ここでは, 式 (5.19) を用いて,

$$
\langle E \rangle = \frac{\partial}{\partial(-\beta)} N \log(1 + e^{-\beta\Delta}) = \frac{N\Delta}{e^{\beta\Delta} + 1}
\tag{5.50}
$$

と計算する. これは, 小正準集合により求めた式 (4.76) とまったく同じだが, 近似を用いることなく計算ができた. 比熱 C も, 当然ながら, 小正準集合の場合とまったく同じ結果となる.

5.6 調和振動子

まず, 1 次元の直線上を動く, 1 個の調和振動子について調べよう. ハミルトニアンは,

$$
\mathcal{H}_1 = \frac{\hat{p}^2}{2m} + \frac{1}{2}m\omega^2 x^2
\tag{5.51}
$$

と書ける. ここで, m は質点の質量, ω は固有振動数である. これを, 古典的なハミルトン関数と見て運動方程式を作ると,

$$
\ddot{x} = -\omega^2 x
\tag{5.52}
$$

5.6. 調和振動子

となって（x の上のドットは時間微分である），固有振動数 ω のみが系の性質を決める唯一のパラメータであることに注意しておこう．さて，量子論では，このハミルトニアンの固有値は，よく知られているように，

$$\varepsilon_n = \left(n + \frac{1}{2}\right)\hbar\omega, \quad n = 0, 1, 2, \cdots \tag{5.53}$$

である．ここで特徴的なのは，エネルギー固有値が，やはり，固有振動数 ω のみで決まっていることである．$(1/2)\hbar\omega$ は零点振動のエネルギーである．この固有値を用い，分配関数は，

$$\begin{aligned}
Z_1 &= \sum_{n=0}^{\infty} \exp\left[-\beta\hbar\omega\left(n + \frac{1}{2}\right)\right] \\
&= \frac{e^{-\beta\hbar\omega/2}}{1 - e^{-\beta\hbar\omega}} = \left(\sinh\frac{\beta\hbar\omega}{2}\right)^{-1}
\end{aligned} \tag{5.54}$$

と求まる．プランクの定数が小さい極限は，古典極限である．すなわち，$\hbar\omega \ll k_{\mathrm{B}}T$ の極限では，

$$Z_1 \longrightarrow \frac{k_{\mathrm{B}}T}{\hbar\omega} \equiv Z_{\mathrm{cl}} \tag{5.55}$$

となる．

ヘルムホルツの自由エネルギーは，

$$F = \frac{1}{2}\hbar\omega + k_{\mathrm{B}}T\log(1 - e^{-\beta\hbar\omega}) \tag{5.56}$$

エネルギーの平均値は，

$$E = \frac{\partial(\beta F)}{\partial\beta} = \left(\frac{1}{2} + \frac{1}{e^{\beta\hbar\omega} - 1}\right)\hbar\omega \tag{5.57}$$

と書ける．比熱は，

$$C_{\mathrm{V}} = \frac{\partial E}{\partial T} = k_{\mathrm{B}}\left(\frac{\hbar\omega}{k_{\mathrm{B}}T}\right)^2 \frac{e^{\hbar\omega/k_{\mathrm{B}}T}}{(e^{\hbar\omega/k_{\mathrm{B}}T} - 1)^2} \tag{5.58}$$

となる．これは，2 準位系の比熱の式 (4.77) に似ているが，分母の和が差になっているところが異なる．

$\hbar\omega \ll k_{\mathrm{B}}T$ の古典極限では，

$$C_{\mathrm{V}} \longrightarrow k_{\mathrm{B}} \tag{5.59}$$

となる.

なお，量子数 n の平均値を計算すると，

$$
\begin{aligned}
\langle n \rangle &= \frac{\displaystyle\sum_{n=0}^{\infty} n e^{-\beta\hbar\omega(n+1/2)}}{\displaystyle\sum_{n=0}^{\infty} e^{-\beta\hbar\omega(n+1/2)}} \\[2mm]
&= \frac{\partial}{\partial(-\beta\hbar\omega)} \log Z_1 - \frac{1}{2} \\[2mm]
&= \frac{1}{e^{\beta\hbar\omega} - 1}
\end{aligned}
\tag{5.60}
$$

となるので，式 (5.57) のエネルギーの平均値が，

$$
E = \left(\langle n \rangle + \frac{1}{2} \right) \hbar\omega
\tag{5.61}
$$

と書けることを注意しておこう.

次に，3 次元の調和振動子を考えよう．ハミルトニアン

$$
\mathcal{H}_3 = \frac{\hat{\boldsymbol{p}}^2}{2m} + \frac{1}{2} m\omega^2 \boldsymbol{x}^2
\tag{5.62}
$$

は，x，y，z 方向の 1 次元調和振動子の集まりと見なすことができる．よって，分配関数は，単に，1 次元の調和振動子の 3 乗となる：

$$
Z_3 = (Z_1)^3
\tag{5.63}
$$

となる．後の計算は，1 次元の場合にならえばよい．

5.7　黒体輻射

5.7.1　歴史的経緯

　プランク[2]による黒体輻射の理論は，量子論の幕開けとして有名だが，その中身は，まさに，量子統計力学の幕開けでもあるので，歴史的な経緯も含めて，少し詳しく説明しよう[22, 28]．なお，最近は，「黒体放射」ということが多いが，ここでは表題の用語を用いる．歴史，とくに，まったく新しい法則の発見の際には，往々にして，論理の飛躍や大胆な推測を駆使して行われる．したがって，

---

[2]Max Karl Ernst Ludwig Planck (1858–1947)

5.7. 黒体輻射　　　　　　　　　　　　　　　　　　　　　　　　　　　75

できるだけ簡潔に書いたつもりだが，歴史に興味がない方は，この節を飛ばしていただいてもかまわない．

　19世紀末のドイツでは，鉄鋼業が盛んで，そのため，溶鉱炉の中の温度を正確に測定する必要に駆られていた．われわれも日常経験するように，電熱器の赤い色よりもガスバーナーの青い炎の方が温度が高い．光は電磁波であり，一般に，いろいろな波長の電磁波を含んでいる．それらがどれだけの割合含まれているかを，光のスペクトルという．スペクトルのピーク値に対応する波長の電磁波が，可視光帯（波長400nm 〜 800nm）に含まれていれば，その波長に対応する色として見えるのである．ただし，光が実際にどのような色に見えるかについては，視細胞や色の混合などの問題があるので，ここでは立ち入って論じないことにする．また，「黒体」とは何か，についても，必ずしも正しく説明されていない場合もあるようなので，細かいことには立ち入らずに，整理して述べよう．

キルヒホッフの法則

　キルヒホッフ[3]は，太陽光のスペクトルの中のフラウンホーファー線[4]の研究をする中で，物体の熱放射一般を考察していた．当時すでに，熱放射は光または電磁波の放射と同じであると認識されていた．1859年，キルヒホッフは，すべての物体からの電磁波の輻射能 $R(T,\omega)$ と電磁波の吸収能 $A(T,\omega)$ の比が，物体の種類によらないことを，熱力学的な考察から示した．T は物体の温度，ω は考えている電磁波の角振動数（普通の振動数 ν の 2π 倍），輻射能 $R(T,\omega)$ とは，温度 T の物体からの，ω 近傍の単位振動数幅あたり，単位時間あたりの，電磁波のエネルギーの放射量である．吸収能 $A(T,\omega)$ とは，飛んできた電磁波のエネルギーを吸収する割合で，0と1の間の数である．すなわち，

$$\frac{R(T,\omega)}{A(T,\omega)} = \text{物質によらない普遍関数 } f(T,\omega) \tag{5.64}$$

となる．これを**キルヒホッフの法則**という．最後の $f(T,\omega)$ は，キルヒホッフの論文には書かれておらず，筆者が補足したものである．

黒体輻射と空洞輻射

　次に，キルヒホッフは，1882年の論文で，「**黒体**」という概念を考えた．「黒体」とは，飛んできた電磁波を100%吸収する物体をいう．すなわち，黒体は，吸収率 $A(T,\omega) = 1$ の物体ということである．ただし，黒体も電磁波を放出する．上式

---

[3]Gustav Robert Kirchhoff (1824–1887)
[4]太陽から来る光が，途中の宇宙空間にある分子に吸収されてできる，スペクトルの暗線．

で $A(T,\omega) = 1$ とおけば，黒体が放射する電磁波（**黒体輻射**）のエネルギー密度は，物質によらない普遍な関数 $f(T,\omega)$ を用い，$R(T,\omega) = f(T,\omega) \equiv R_\mathrm{B}(T,\omega)$ と書けることになる．また，黒体以外の物質の輻射能は，

$$R(T,\omega) = A(T,\omega) R_\mathrm{B}(T,\omega) \tag{5.65}$$

と書けることになる．よって，輻射能の基準として，黒体の輻射能 $R_\mathrm{B}(T,\omega)$ を求めることが重要となる．しかし，「黒体」は理想的な概念であるから，現実的な対応物を探さなければならない．そのために，温度 T の壁で覆われた箱を考え，そこに小さな穴を開ける．外から飛んできた電磁波は，この小さな穴から箱の中に入った場合，再び外に出てくる確率は限りなく 0 に近いであろう．すなわち，小穴の吸収能 $A(T,\omega)$ は，ほぼ 1 と見なせる．すなわち，黒体である．他方，箱の内部の電磁波は，箱の壁と熱平衡状態にあり，小さな穴を通して，外部に電磁波を放射する (図 5.4)．これを「**空洞放射**」という．これを測定してやれば，黒体の輻射能 $R_\mathrm{B}(T,\omega)$ がわかる．実際，多くの実験家が，空洞放射を温度と波長の関数として測定した．（波長 λ は ω と $\lambda = 2\pi c/\omega$ の関係にある．c は光速である．）

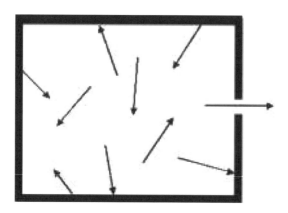

図 5.4: 黒体と空洞輻射．矢印は光子 (電磁波) である．

シュテファン–ボルツマンの法則

そのような実験を行う中で，シュテファン[5]は，1879 年，温度 T の空洞の壁に開けた単位面積の穴から出てくる，単位時間あたりの放射の全エネルギー R

---
[5] Josef Stefan (1835–1893)

5.7. 黒体輻射 77

が，黒体の温度 T の 4 乗に比例し，次式のようになることを実験的に示した：

$$R = \sigma T^4, \quad \sigma = 5.67 \times 10^{-8} \mathrm{W/m^2 K^4} \tag{5.66}$$

1884 年にボルツマンが，熱力学を用いてこの比例関係を証明した．それで，両者の名前を合せて，「**シュテファン–ボルツマンの法則**」とよばれている．

ウィーンの変位則

一方，ウィーン[6]は，1893 年，温度 T における電磁波のスペクトルの最大値を与える波長 λ_m が，

$$T\lambda_m = 2.898 \times 10^{-3} \mathrm{m \cdot K} \tag{5.67}$$

という関係を満たすことを見いだした．すなわち，λ_m が温度に逆比例するというのである．これを，「**ウィーンの変位則**」という

ウィーンの輻射公式

つづいて，ウィーンは，1896 年の論文で，空洞内の電磁波が，現実には，そこに存在する温度 T の気体と熱平衡になっているだろうと考え，電磁波のスペクトル分布関数を求めようとした．以下は，ウィーンの議論を，簡略化したものである．

気体分子は，理想気体のマクスウェル分布

$$f(v)\mathrm{d}v \propto 4\pi v^2 e^{-mv^2/2k_\mathrm{B}T}\mathrm{d}v \tag{5.68}$$

をしている．それと熱平衡にある電磁波の分布関数も，気体分子が電磁波と熱平衡にあるのだから，v は λ の関数であると考えて，空洞内の電磁波の全エネルギー U が，

$$U = \int_0^\infty F(\lambda)e^{-\phi(\lambda)/T}\mathrm{d}\lambda \tag{5.69}$$

の形であろうと推定した．シュテファン–ボルツマンの法則によれば，$U \propto T^4$ にならなければならない．また，ウィーンの変位則から，λ と T は対になっていることからすると，$\phi(\lambda)/T = C_1/\lambda T$ の形になっていると推測される．さらに，$F(\lambda)$ が λ のべき乗の関数 $F(\lambda) = C_2/\lambda^\alpha$ となっているとする．これらを

---

[6]Wilhelm Carl Werner Otto Fritz Franz Wien (1864–1928)

代入し，$C_1/\lambda T \equiv x^{-1}$ とおいて変数を変換すると，

$$U \propto T^{\alpha-1} \int_0^\infty \frac{1}{x^\alpha} e^{-1/x} \mathrm{d}x \tag{5.70}$$

となり，積分も有限値に収束する．これが $U \propto T^4$ を与えるためには，$\alpha = 5$ であればよい．よって，空洞の電磁波のスペクトル密度は，

$$u(\lambda) = \frac{C_2}{\lambda^5} e^{-C_1/\lambda T} \tag{5.71}$$

の形であろう．これが，**ウィーンの輻射公式**とよばれるもので，全体としては，実験で得られたスペクトル形をある程度再現していた．しかし，推論が多く，必ずしも論理的に納得できるものではなかった．他方では，$\phi(\lambda)/T = C_1/\lambda T$ とおいたことは，気体の運動エネルギー $(1/2)mv^2$ に対して，電磁波のエネルギーを $\varepsilon = hc/\lambda = h\nu$ とおいたことと同等であり，エネルギー量子の概念を部分的に先取りしたともいえる．実際，ウィーンの公式は，プランクの公式の短波長極限の式になっている．

レイリー–ジーンズの公式

1900 年，レイリー[7]は，ウィーンの公式が推測を多く含んでいることから，より正統な方法で輻射公式を考察した．レイリーの論文は，ごく短く書かれているが，読者のために，必要事項を補足して説明する．

古典電磁気学に従い，一辺が L，体積が $V = L^3$ の立方体の箱を考え，そこに閉じ込められている電磁波を考える．輻射のエネルギー密度の計算には，マクスウェル–ボルツマンの古典統計力学を用いる．

電磁波は，箱の壁の原子に束縛されている電子（調和振動子として考える）に吸収され，電子が振動する．その振動する電子は，再び電磁波を放出する．こうして，壁と電磁波は熱平衡状態にあると考える．体積 V の中の電磁波の定在波は，電場の場合，

$$E_x(\boldsymbol{x}, t) = E_0 \cos(k_{n_x} x) \cos(k_{n_y} y) \cos(k_{n_z} z) \tag{5.72}$$

の形となる．E_0 は電場の振幅で，電磁波の波数 $\boldsymbol{k} = (k_{n_x},\ k_{n_y},\ k_{n_z})$ に垂直である．壁で電子と共鳴する境界条件から，$k_{n_x} = (\pi/L)n_x,\ n_x = 1, 2, 3, \cdots$ となる．y, z 方向も同様である．磁場は電場と垂直方向に振動する．

ここで興味深いのは，境界条件により，k_{n_x} などが「量子化」されてとびとびの値になっていることである．つまり，古典論でも，電磁波の定在波としての量

---

[7]3rd Baron Rayleigh(通称レイリー卿)，本名 John William Strutt (1842–1919)

5.7. 黒体輻射

子化は存在するということである．しかし，これは，量子力学でいうエネルギー量子化ではない．古典論では，電磁波のエネルギーは，振幅の 2 乗 $|\boldsymbol{E}(\boldsymbol{x},t)|^2$ に比例しており，連続な値をとることができる．

さて，マクスウェルの電磁気学から，電磁波は横波であり，進行方向に垂直な二つの振動モードをもつ．電磁波は，壁に束縛されている電子（調和振動子として扱う）と熱平衡状態にあると考える．つまり，振動数 ν の電磁波が壁にぶつかると，電子に吸収されて電子は振動する (そのために，上の式で，定在波を，sin ではなく cos で書いておいた)．その電子は，再び，振動数 ν の電磁波を放出する．等分配則により，一つの調和振動子あたり，平均のエネルギー $k_{\mathrm{B}}T$ をもつので，それと熱平衡にある電磁波も同じエネルギーをもつ．これは，調和振動子の統計力学に，古典統計を用いるのと同等である．よって，箱の中の電磁波の単位体積あたりのエネルギー密度は，

$$U = \frac{E}{V} = \frac{2}{V} \sum_{\boldsymbol{k}} k_{\mathrm{B}}T \tag{5.73}$$

で与えられる．先頭の因子 2 は，二つの横波モードについての和からくる．電磁波は光速 c の波動方程式に従うので，たとえば，z 方向に進む電場の x 成分は，

$$\frac{1}{c^2}\frac{\partial^2 E_x}{\partial t^2} - \frac{\partial^2 E_x}{\partial z^2} = 0 \tag{5.74}$$

に従う．$E_x(z,t) = e^{ikz}E_x(t)$ の形を仮定して代入すると，

$$\frac{\partial^2 E_x}{\partial t^2} = -c^2 k^2 E_x = -\omega_{\boldsymbol{k}}^2 E_x \tag{5.75}$$

という，調和振動子の方程式となる．角振動数を $\omega_{\boldsymbol{k}} = ck = 2\pi c/\lambda$ とおいた．λ は波長である．$k = |\boldsymbol{k}| = 2\pi/\lambda$ を波数という．

箱の中の電磁波のエネルギーを計算するには，定在波の $n_x, n_y, n_z \geq 0$ について和をとる代わりに，$-\infty < n_x < \infty$，$-\infty < n_y < \infty$，$-\infty < n_z < \infty$ について和をとり，8 で割ってもよい．さらに，離散的な波数 $\boldsymbol{k}$ の間隔は，x, y, z の各方向について π/L であるから，$\boldsymbol{k}$ の積分に直したときに，$(\pi/L)^3$ で割る必要がある．よって，単位体積あたりの電磁波のエネルギーは，

$$
\begin{aligned}
U &= 2\frac{1}{V}\frac{L^3}{8\pi^3}\int \mathrm{d}\boldsymbol{k}\ k_{\mathrm{B}}T \\
&= \frac{1}{4\pi^3}\int_0^\infty \mathrm{d}k\ 4\pi k^2 k_{\mathrm{B}}T \\
&= \frac{1}{\pi^2}\int_0^\infty \mathrm{d}k\ k^2 k_{\mathrm{B}}T
\end{aligned}
\tag{5.76}
$$

となる. さらに, $k = 2\pi/\lambda = 2\pi\nu/c$ の関係を用いると,

$$U = \frac{8\pi}{c^3}\int_0^\infty d\nu\ \nu^2 k_B T = \int_0^\infty d\nu\ g(\nu)k_B T, \quad g(\nu) = \frac{8\pi}{c^3}\nu^2 \tag{5.77}$$

と書ける. さらには, $\nu = c/\lambda$ から $d\nu = -c\,d\lambda/\lambda^2$ を用いて,

$$U = \frac{8\pi}{c^3}\int_0^\infty d\lambda\frac{c^3}{\lambda^4}k_B T = \int_0^\infty d\lambda\ g(\lambda)k_B T, \quad g(\lambda) = \frac{8\pi}{\lambda^4} \tag{5.78}$$

とも書ける. すなわち, 単位体積, 単位振動数あたりのエネルギー密度単位体積, および, 単位波長あたりのエネルギー密度は, それぞれ,

$$u(\nu)d\nu = k_B T\frac{8\pi}{c^3}\nu^2 d\nu \tag{5.79}$$

$$u(\lambda)d\lambda = k_B T\frac{8\pi}{\lambda^4}d\lambda \tag{5.80}$$

ということになる. これを「**レイリー–ジーンズの法則**」という. この法則は, はじめ, レイリー卿が 1900 年に発表したのだが[22], その論文では係数までは出していない. そのあと, 係数まで計算した論文が雑誌 "Nature" に出ているようだが, 筆者は見ていない. その論文の係数に誤りがあり, 1905 年にジーンズ[8]が誤りを正したとして発表したのが, 上の式である.

　ところが, u の表式のどちらも, 0 から ∞ まで積分しようとすると, 高振動数側, および, 短波長側の極限で, 積分が無限大になってしまう. これが古典物理学が直面した, 最初の危機であった. しかし, 次に述べるプランクは, 有名な輻射公式を発表した時点においては, レイリーの理論を知らなかったようである.

プランクの輻射公式

　ウィーンの輻射公式は, 一定程度の成功を収めており, プランクも, ウィーンの式の導出を試みたこともあった. しかし, 1900 年ごろには, 精密なスペクトルの測定が行われ, ウィーンの式が長波長側で実験結果とわずかに合わないことがはっきりしてきた.

　そこで, 1900 年 10 月 19 日のドイツ物理学会の席上で, プランクは,「ウィーンのスペクトル式の一つの改良について」と題して講演を行った[26]. ここでは, プランク得意の熱力学的な考察によって, いわゆる「プランクの熱輻射公式」を導いて見せたのだが, 現代人から見ると, あまり論拠がはっきりしているとは

---

[8]Sir James Hopwood Jeans (1877–1946)

5.7. 黒体輻射

いえない．しかも，この講演は会議の予定になく，飛び入りで行われ，短波長側でウィーンの公式を再現し，長波長側でウィーンの公式を改良して実験によく合う内挿公式を見つけた，という報告である．

その後，12月14日の例会において，「正常スペクトルにおけるエネルギー分布の法則の理論」と題して，ボルツマンが有名なエントロピー公式を導き出すときに用いた「状態の離散化の方法」と，「状態の分配の数」（ボルツマンは，「コンプレクシオン」と呼んでいた）を用いて，ミクロな方法で輻射公式を導いて見せた[27]．すなわち，**プランクは，最初，小正準集合の方法で輻射公式を導いたのである．しかも，ボルツマンの有名なエントロピー公式**

$$S = k \log W \tag{5.81}$$

を，この形であらわに書いたのも，このときのプランクが初めてであった．（正確にいうと，「$k \log \mathcal{R}_0$ がエントロピーである」と書いてある[9]．エントロピーは，前の論文ですでに S を用いている．$k = 1.346 \times 10^{-23}$ J/K はボルツマン定数であるが，直前に「プランク定数」に h を用いたので，k としたのであろう．）

プランクの導出法を，多少現代風にわかりやすくすると，次のようになる．

電磁波と熱平衡にある空洞内の共鳴子の平均のエネルギー E を求めたい（レイリーの古典論では，等分配則により，$k_\mathrm{B}T$ であった）．固有振動数 ν の N 個の共鳴子に，全エネルギー $E = M\varepsilon$ を分配する仕方を考える．エネルギーは古典物理学では連続のはずだが，ボルツマンの方法を用いるために，エネルギーの最小単位（エネルギー要素）を ε として離散化した．M は整数と見なす．分配の仕方を数えるには，「N 個の箱に，M 個の球を配置する仕方を求める．ただし，それぞれの箱に，球が何個入ってもよいとする」という計算をすればよい．それには，M 個の球を一列に並べて，その間に $(N-1)$ 個の境目を表す別の色の球を入れて並べる仕方を数えればよい．すなわち，配置の数は，

$$W = \frac{(M + N - 1)!}{M!(N - 1)!} \tag{5.82}$$

となる．$M, N \gg 1$ として -1 を無視し，スターリングの公式を用いて計算すれば，エントロピーが，

$$S \simeq k_\mathrm{B} \left[(M + N) \log(M + N) - M \log M - N \log N \right] \tag{5.83}$$

---

[9] $\mathcal{R}$ は，実際には，R のドイツ文字 (Fraktur) $\mathfrak{R}$ であったようであるが，ゴシック文字の K のようにもみえる．状態数のことを「コンプレクシオン」とよんでいたことから考えると K の方がふさわしいように思えるが，筆者には判定できなかった．

と求まる.

小正準集合の手順に従い,

$$
\begin{aligned}
\frac{1}{T} &= \frac{\partial S}{\partial E} = \frac{1}{\varepsilon}\frac{\partial S}{\partial M} \\
&= \frac{k_{\mathrm{B}}}{\varepsilon}\left[\log(M+N) - \log M\right]
\end{aligned}
\tag{5.84}
$$

とする. これより,

$$
\frac{M}{N} = \frac{1}{e^{\varepsilon/k_{\mathrm{B}}T} - 1}
\tag{5.85}
$$

と求まる. これは, 共鳴子1個あたりに割り当てられる, 平均のエネルギー要素の数 $\langle n_\nu \rangle$ である. ウィーンの変移則から, $T/\nu_m = $ 一定であるから, 上記の式の $\varepsilon/k_{\mathrm{B}}T$ は $\nu/k_{\mathrm{B}}T$ に比例しているだろう. そこで, 普遍定数 h (ここでプランク定数 $h = 6.55 \times 10^{-34}$ J·s が初めて導入された) を導入し,

$$
\langle n_\nu \rangle = \frac{1}{e^{h\nu/k_{\mathrm{B}}T} - 1}
\tag{5.86}
$$

と書くべきである. 共鳴子1個あたりの平均のエネルギーは, したがって,

$$
\langle \varepsilon_\nu \rangle = \frac{E}{N} = \frac{h\nu}{e^{h\nu/k_{\mathrm{B}}T} - 1}
\tag{5.87}
$$

となる. $k_{\mathrm{B}}T \gg h\nu$ では, $\langle \varepsilon_\nu \rangle \to k_{\mathrm{B}}T$ となって, レイリーが用いた等分配則と一致する.

空洞内の全エネルギーは, 単位体積あたり,

$$
U = \int_0^\infty g(\nu)\langle \varepsilon_\nu \rangle \mathrm{d}\nu = \int_0^\infty \frac{8\pi}{c^3}\nu^2 \frac{h\nu}{e^{h\nu/k_{\mathrm{B}}T} - 1}\mathrm{d}\nu
\tag{5.88}
$$

または,

$$
U = \int_0^\infty g(\lambda)\langle \varepsilon_\lambda \rangle \mathrm{d}\lambda = \int_0^\infty \frac{8\pi}{\lambda^4}\frac{hc/\lambda}{e^{hc/k_{\mathrm{B}}T\lambda} - 1}\mathrm{d}\lambda
\tag{5.89}
$$

を得る. 積分はどちらも有限の値になる. 最後の式から, 空洞放射のスペクトルとして, いまやよく知られている「**プランクの輻射公式**」:

$$
u(\lambda) = \frac{8\pi hc}{\lambda^5}\frac{1}{e^{hc/k_{\mathrm{B}}T\lambda} - 1}
\tag{5.90}
$$

が得られることになる (図5.5). $k_{\mathrm{B}}T \ll h\nu$ では

$$
u(\lambda) \to \frac{8\pi hc}{\lambda^5}e^{-hc/k_{\mathrm{B}}T\lambda}
\tag{5.91}
$$

5.7. 黒体輻射

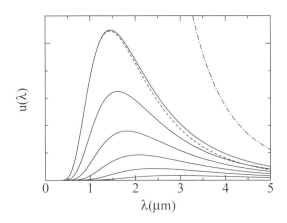

図 5.5: 実線は，プランクの式による空洞放射のエネルギー密度 $u(\lambda)$ (温度は上から 2000，1800，1600，1400，1200，1000K)．破線はウィーンの近似公式，一点鎖線はレイリー–ジーンズの近似公式によるもの（ともに $T = 2000\text{K}$）．可視光の波長は，紫 400nm～赤 800nm である．

となって，**ウィーンの輻射式** (5.71) を再現する．$k_\text{B}T \gg h\nu$ では

$$u(\lambda) \to \frac{8\pi}{\lambda^4} k_\text{B} T \tag{5.92}$$

となって，**レイリー–ジーンズの輻射式** (5.80) を再現する．可視光の波長はおよそ 400nm(紫)～800nm(赤) であるから，$T = 2000\text{K}$ の高温でも，目に見える赤色はスペクトルのすそであることがわかる．スペクトルの大部分は，赤外線である．太陽の表面温度である 6000K 程度でやっと，可視光の全体がスペクトルに含まれ，「白色光」として見える．

5.7.2 正準集合による輻射公式の導出

　前節では，歴史上の紆余曲折を経て，プランクが，最終的に実験をよく説明する輻射公式に到達したことを述べた．しかし，この時点では，プランクは，まだ，彼の用いた方法の本質を理解していたわけではなかった．その本当の意義が明らかにされるのは，その後 4 半世紀ほどかけて，徐々に行われたのである．この 20 世紀初めの 4 半世紀は，実に面白い時代であったが，それに深入りする楽しみは読者のみなさんにお任せすることにして，われわれは現代に戻ろう．

　現代の教科書では，通常，黒体輻射の公式の導出としては，以下の方法のみが記述されている．

84　　　　　　　　　　　　　　　　　　　　第 5 章　正準集合と自由エネルギー

電磁波は波動方程式に従うため，波数 $\boldsymbol{k}$ で分解すれば，式 (5.75) のように，調和振動子の方程式に従う．これを量子力学で扱えば，エネルギー固有値は，

$$\varepsilon_n(\boldsymbol{k}) = \left(n + \frac{1}{2}\right)\hbar\omega_{\boldsymbol{k}}, \quad n = 0,\, 1,\, 2,\cdots \tag{5.93}$$

となる．ここで，エネルギー固有値が，固有振動数 $\omega_{\boldsymbol{k}}$ だけで決まっていることに注意されたい．すなわち，古典論で調和振動子の方程式に従うことがわかっていれば，量子論では，いちいち電磁場のエネルギーをあらわに計算する必要がない，ということである．

正準集合の方法により，波数 $\boldsymbol{k}$ の振動モードの分配関数は，

$$
\begin{aligned}
Z_{\boldsymbol{k}} &= \sum_{n=0}^{\infty} e^{-\beta\varepsilon_n(\boldsymbol{k})} = \sum_{n=0}^{\infty} e^{-\beta\hbar\omega_{\boldsymbol{k}}/2} e^{-\beta\hbar\omega_{\boldsymbol{k}} n} \\
&= \frac{e^{-\beta\hbar\omega_{\boldsymbol{k}}/2}}{1 - e^{-\beta\hbar\omega_{\boldsymbol{k}}}} = \frac{e^{\beta\hbar\omega_{\boldsymbol{k}}/2}}{e^{\beta\hbar\omega_{\boldsymbol{k}}} - 1}
\end{aligned}
\tag{5.94}
$$

となる．電磁波は，重ね合わせの原理が成り立つので，各モードは互いに独立である．二つの横波モードを考慮すれば，全体の分配関数は，すべてのモードの $Z_{\boldsymbol{k}}$ の積となり，

$$Z = \prod_{\boldsymbol{k}} Z_{\boldsymbol{k}}^2 \tag{5.95}$$

で与えられる．単位体積あたりのエネルギーの期待値は，

$$U = \frac{1}{V}\frac{\partial \log Z}{\partial(-\beta)} = \frac{2}{V}\sum_{\boldsymbol{k}}\left(\frac{1}{2} + \frac{1}{e^{\beta\hbar\omega_{\boldsymbol{k}}} - 1}\right)\hbar\omega_{\boldsymbol{k}} \tag{5.96}$$

と計算される．括弧の中の $1/2$ は零点振動のエネルギーで，$\boldsymbol{k}$ の和をとると無限大になってしまうが，温度に依存しない定数なので，ここでは無視する．第 2 項を積分に直せば，

$$
\begin{aligned}
U &= \int_0^{\infty} \frac{8\pi}{c^3}\nu^2 \frac{h\nu}{e^{h\nu/k_{\mathrm{B}}T} - 1}\mathrm{d}\nu \\
&= \int_0^{\infty} \frac{8\pi}{\lambda^4}\frac{hc/\lambda}{e^{hc/k_{\mathrm{B}}T\lambda} - 1}\mathrm{d}\lambda
\end{aligned}
\tag{5.97}
$$

を得る．これらを，

$$U = \int_0^{\infty} u(\nu)\mathrm{d}\nu = \int_0^{\infty} u(\lambda)\mathrm{d}\lambda \tag{5.98}$$

5.7. 黒体輻射 85

の形に書けば，有名な「黒体輻射」のスペクトル

$$u(\nu) = \frac{8\pi h\nu^3}{c^3}\frac{1}{e^{h\nu/k_\mathrm{B}T}-1} \tag{5.99}$$

$$u(\lambda) = \frac{8\pi hc}{\lambda^5}\frac{1}{e^{hc/k_\mathrm{B}T\lambda}-1} \tag{5.100}$$

を得る．これらが，長波長ではレイリー–ジーンズの式を，短波長ではウィーンの式を，再現することは，前節ですでに見た．

次に，輻射場の全エネルギーを計算しよう．次式で，変数を $x = h\nu/k_\mathrm{B}T$ ととって，

$$U = \frac{8\pi h}{c^3}\int_0^\infty \frac{\nu^3}{e^{h\nu/k_\mathrm{B}T}-1}\mathrm{d}\nu$$

$$= \frac{8\pi h}{c^3}\left(\frac{k_\mathrm{B}T}{h}\right)^4\int_0^\infty \frac{x^3}{e^x-1}\mathrm{d}x \tag{5.101}$$

とする．積分公式

$$\int_0^\infty \frac{x^3}{e^x-1}\mathrm{d}x = \Gamma(4)\zeta(4) = \frac{\pi^4}{15} \tag{5.102}$$

を用いると，

$$U = \frac{8\pi^5}{15c^3h^3}(k_\mathrm{B}T)^4 \tag{5.103}$$

を得る．

ところで，電磁波の閉じ込められた箱に空いた小さな穴から，単位面積・単位時間あたりに放出されるエネルギーを R とすると，幾何学的な因子を考慮することにより，$R = (c/4)U$ となることがわかっている[10]．よって，

$$R = \sigma T^4, \quad \sigma = \frac{2\pi^5 k_\mathrm{B}^4}{15c^2h^3} = 5.67\times 10^{-8}\mathrm{W/m^2K^4} \tag{5.104}$$

となる．これは，**シュテファン–ボルツマンの法則を見事に説明する**．

また，$u(\lambda)$ が最大となる波長を求めると，

$$\frac{\partial u(\lambda)}{\partial \lambda} = \frac{\partial}{\partial \lambda}\left(\frac{8\pi hc}{\lambda^5}\frac{1}{e^{hc/k_\mathrm{B}T\lambda}-1}\right) = 0 \tag{5.105}$$

より，

$$xe^x = 5(e^x-1), \quad x = hc/k_\mathrm{B}T\lambda \tag{5.106}$$

という式を得る．この式の解は $x = x_m = 4.9\cdots$ である．よって，$T\lambda_m = hc/k_\mathrm{B}x_m = hc/4.9k_\mathrm{B} = $ 一定となり，**ウィーンの変移則が説明される**．

---

[10] あまり本質的でないので，導出は省略する．[3] などを参照されたい．

5.8 アインシュタインによる固体の比熱の理論

19世紀末より，固体[11]の比熱が，高温では古典論の与える $C_V = 3R/$モルになるのに対し，低温では急速に減少して古典論と合わなくなることが知られていた．アインシュタイン[12]は1907年の論文[20]で，N個の原子からなる固体を$3N$個の調和振動子の集まりと考えることにより，この実験結果を説明しようとした．そうすると，5.6節の結果がただちに適用でき，N個の原子の調和振動に関する分配関数は，1次元調和振動子の分配関数 Z_1 を用いて，

$$Z = [Z_1]^{3N} \tag{5.107}$$

となる．この場合，調和振動子（原子）は，決まった場所で振動しているので，ギブスの補正は必要ない．自由エネルギー，エネルギー，比熱は，1個の1次元振動子の $3N$ 倍となる．すなわち，

$$C_V = \frac{\partial E}{\partial T} = 3Nk_B \left(\frac{\hbar\omega}{k_B T}\right)^2 \frac{e^{\hbar\omega/k_B T}}{(e^{\hbar\omega/k_B T} - 1)^2} \tag{5.108}$$

となる．ここで，**アインシュタイン温度** $\Theta_E = \hbar\omega/k_B$ を定義すると，上式は，

$$C_V = 3Nk_B \left(\frac{\Theta_E}{T}\right)^2 \frac{e^{\Theta_E/T}}{(e^{\Theta_E/T} - 1)^2} \tag{5.109}$$

とも書ける．

高温の極限 $k_B T \gg \hbar\omega$（これは，上で述べたように，古典極限に等しい）では，

$$C_V \longrightarrow 3Nk_B = 3nR \tag{5.110}$$

となって，よく知られた，古典理論のよる n モルの固体の比熱を与える．一方，上の式の低温極限 $k_B T \ll \hbar\omega$ をとると，

$$C_V \longrightarrow 3Nk_B \left(\frac{\hbar\omega}{k_B T}\right)^2 e^{-\hbar\omega/k_B T} \longrightarrow 0 \tag{5.111}$$

なって，固体の低温での比熱の急激な減少をおおむねよく説明している．しかし，詳しい比較によると，この理論の比熱は，低温で，実験値よりも早く減少することがわかった．その問題を解決したのはデバイである（次節）．

---

[11]この節と次の節で扱う固体の比熱は，絶縁体の場合である．金属の比熱については，第6章で扱う．また，単位質量あたりの熱容量を比熱という．1モルあたりの比熱はモル比熱というが，単に比熱という場合が多い．

[12]Albert Einstein (1879–1955)

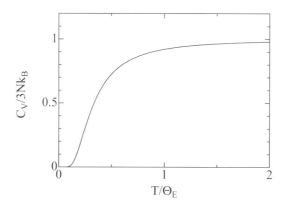

図 5.6: アインシュタイン比熱の温度依存性．横軸は，アインシュタイン温度 Θ_E でスケールされている．

5.9　デバイによる固体の比熱の理論

前節では，絶縁体の比熱に対するアインシュタインの模型を紹介した．低温で，1モルあたりの古典的な値 $3R$ よりも減少することが説明できたが，詳しい測定によると，絶縁体の比熱は，低温では T^3 に比例することがわかった．アインシュタイン模型では，振動子を励起するために最低でも $\hbar\omega$ だけのエネルギーが必要である．このために比熱は低温で $e^{-\hbar\omega/k_B T}$ に比例して急激に減少してしまう．T^3 の温度依存生を説明するには，低温で無限小のエネルギー励起状態が存在することが必要である．

アインシュタイン模型で独立な振動子として扱われていた原子は，実際には，互いに結合して結晶を作っているので，原子がバネで結ばれているような模型の方が適切である．1912年に，デバイ[13]は，さらに簡単化して，固体を一様な弾性体と考え，そこに弾性波が伝わる模型を考えた．弾性波の振動数 ω は，波数 $\bm{k}$ と，$\omega = v|\bm{k}|$ の関係にある．これを分散関係という．この関係は，長波長ではよく成り立つ．

この弾性体の各部分の変位 $\bm{u}(\bm{r}, t)$ は波動方程式

$$\nabla^2 u_\alpha - \frac{1}{v_\alpha^2} \frac{\partial^2 u_\alpha}{\partial t^2} = 0 \tag{5.112}$$

に従う．ここで，$\alpha = t$ は 2 個の横波，$\alpha = \ell$ は 1 個の縦波モードを表す．v_α は縦波，横波の音速であり，一般に両者は異なる．

---
[13] Peter Joseph William Debye (オランダ名：Petrus Josephus Wilhelmus Debije) (1884–1966)

この波動方程式の解を $u_\alpha \propto \exp(i\boldsymbol{k} \cdot \boldsymbol{r} - i\omega t)$ の形とすると，

$$\omega = v_\alpha |\boldsymbol{k}| \tag{5.113}$$

を得る．すなわち，これは，上で述べた分散関係である．

一方，$u_\alpha = U_\alpha(t) e^{i\boldsymbol{k} \cdot \boldsymbol{r}}$ とおくと波動方程式は

$$\ddot{U}_\alpha + v_\alpha^2 |\boldsymbol{k}|^2 U_\alpha = 0 \tag{5.114}$$

となるが，これは $\omega = \omega_{\boldsymbol{k}\alpha} \equiv v_\alpha |\boldsymbol{k}|$ の調和振動子の古典力学による運動方程式と同じなので，これを量子化すれば，量子論での固有エネルギーは，

$$\varepsilon_{\boldsymbol{k}\alpha n} = \left(n + \frac{1}{2}\right)\hbar\omega_{\boldsymbol{k}\alpha} = \left(n + \frac{1}{2}\right)\hbar v_\alpha |\boldsymbol{k}|, \quad n = 0, 1, 2, \cdots \tag{5.115}$$

で与えられる．$\omega = \omega_{\boldsymbol{k}\alpha}$ の振動モードに対するエネルギーの期待値は式 (5.57) と同様に計算されるので，全エネルギーの期待値は $\boldsymbol{k}\alpha$ について和をとって，

$$\langle E \rangle = \sum_{\boldsymbol{k}\alpha} \left[\frac{1}{2} + \frac{1}{e^{\hbar\omega_{\boldsymbol{k}\alpha}/k_{\mathrm{B}}T} - 1}\right] \hbar\omega_{\boldsymbol{k}\alpha} \tag{5.116}$$

となる．

さて，固体を一辺の長さが L の立方体とし，周期的境界条件を課すならば，$\boldsymbol{k}$ のとり得る値は $\boldsymbol{k} = (2\pi/L)(n_x, n_y, n_z)$ となる．もともと固体は N 個の原子からなっていたとすれば，振動モードの総数は $3N$ であるから，

$$\sum_{\boldsymbol{k}\alpha} 1 = 3N \tag{5.117}$$

となっているべきである．左辺は

$$\sum_{\boldsymbol{k}\alpha} 1 = \sum_\alpha \frac{L^3}{2\pi^2} \int k^2 \mathrm{d}k = \sum_\alpha \frac{L^3}{2\pi^2 v_\alpha^3} \int \omega^2 \mathrm{d}\omega \tag{5.118}$$

と書けるので，式 (5.117) は状態密度 $g(\omega)$ を次のように定義して，

$$\int_0^{\omega_{\mathrm{D}}} g(\omega)\mathrm{d}\omega = 3N, \quad g(\omega) \equiv \sum_\alpha \frac{L^3}{2\pi^2 v_\alpha^3} \omega^2 \tag{5.119}$$

と書ける．ここで，全状態数が $3N$ に等しくなるように，積分の上限を**デバイ振動数** ω_{D} とした．一方，現実の結晶は，原子がバネでつながれているとする模型に近い．そこで，単純立方格子状に原子が並んで一定の強さのばねでつながれている模型の状態密度を図 5.7 に実線で示した．

5.9. デバイによる固体の比熱の理論

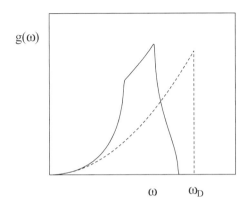

図 5.7: 実線：単純立方格子上の原子をバネでつないだ模型の，実際の状態密度．破線：$g(\omega)/N = (9/\omega_D^3)\omega^2$．実線の状態密度と面積が等しくなるように，$\omega_D$ でカットされている．

さらに，平均の音速 $\bar{v}$ を

$$\frac{1}{\bar{v}^3} \equiv \frac{1}{3}\left(\frac{1}{v_\ell^3} + \frac{2}{v_t^3}\right) \tag{5.120}$$

で定義すると，式 (5.119) を積分して ω_D が

$$\omega_D = \left(6\pi^2 \frac{N}{L^3}\right)^{1/3} \bar{v} \tag{5.121}$$

と決まる．これを用いると，状態密度 $g(\omega)$ は，

$$g(\omega) = \frac{9N}{\omega_D^3}\omega^2 \tag{5.122}$$

とも書ける．これを図 5.7 に破線で示した．両者は，低振動数領域では一致しているが，高振動領域では，実線の状態密度が，単純立方格子の構造を反映して，複雑な構造を示す．これを簡単化して，$0 \sim \omega_D$ の範囲で ω^2 に比例するとしたのがデバイ模型で用いている状態密度である．ただし，二つの模型の全状態数 (図 5.7 の二つのグラフの面積) は等しくなっている．

式 (5.116) に戻って，エネルギーの平均値は

$$\langle E \rangle = \int_0^{\omega_D} g(\omega)\left[\frac{1}{2}\hbar\omega + \frac{\hbar\omega}{e^{\hbar\omega/k_B T} - 1}\right]d\omega \tag{5.123}$$

と書かれる. 第1項は温度によらない定数を与える. 第2項は $x = \hbar\omega/k_\mathrm{B}T$ を変数にとると,

$$\frac{9N}{\omega_\mathrm{D}^3}\left(\frac{k_\mathrm{B}T}{\hbar}\right)^3 k_\mathrm{B}T \int_0^{\hbar\omega_\mathrm{D}/k_\mathrm{B}T} \frac{x^3 \mathrm{d}x}{e^x - 1} \tag{5.124}$$

と書ける. 低温では積分の上限は無限大にとってよく, 積分は $\pi^4/15$ を与える (付録A参照). **デバイ温度** $\Theta_\mathrm{D} = \hbar\omega_\mathrm{D}/k_\mathrm{B}$ を定義すると, 結局 $T \ll \Theta_\mathrm{D}$ の低温では

$$\langle E \rangle = \mathrm{const.} + \frac{3\pi^4}{5} N k_\mathrm{B} T \left(\frac{T}{\Theta_\mathrm{D}}\right)^3 \tag{5.125}$$

となる. これを温度で微分すれば低温での比熱

$$C_\mathrm{V} = \frac{12\pi^4}{5} N k_\mathrm{B} \left(\frac{T}{\Theta_\mathrm{D}}\right)^3 \tag{5.126}$$

が得られる. すなわち, アインシュタイン模型とは異なり, **固体の比熱は低温で T^3 に比例する**ことになる. これは実験事実とよく一致する. また, 式 (5.123) は, $T \gg \Theta_\mathrm{D}$ では $\langle E \rangle = 3Nk_\mathrm{B}T$, $C_\mathrm{V} = 3Nk_\mathrm{B}$ を与える.

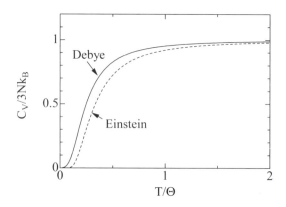

図 5.8: 絶縁体の比熱. 点線はアインシュタイン模型, 実線はデバイ模型による結果を示す. Θ はそれぞれの場合のアインシュタイン温度 Θ_E, デバイ温度 Θ_D である.

任意の温度での比熱は, 式 (5.123) を温度で微分して, $x = \hbar\omega/k_\mathrm{B}T$ を積分変数にとると,

$$C_\mathrm{V} = 9Nk_\mathrm{B}\left(\frac{T}{\Theta_\mathrm{D}}\right)^3 \int_0^{\Theta_\mathrm{D}/T} \frac{x^4 e^x}{(e^x - 1)^2} \mathrm{d}x \tag{5.127}$$

と書けるので，これを数値積分してやればよい．結果をアインシュタインの式と比較して，図 5.8 に示す．デバイの比熱の理論は，状態密度に近似形を用いたにもかかわらず，デバイ温度以下では実験とよい一致を示す．

5.10　スピン常磁性

　正準集合による取り扱いの例として，最後に，孤立原子の磁気的性質について調べよう．磁性の原因は，原子のもつ電子の**軌道角運動量 L** と**スピン角運動量 S**（古典的な類推では，負電荷を帯びた電子が回転するために生じる円電流による磁気モーメント）である．ここでは，後者の寄与を扱う．

　スピン角運動量[14]を表す演算子 $\hat{S}$ はベクトル演算子 $\hat{S} = (\hat{S}_x, \hat{S}_y, \hat{S}_z)$ である．$\hat{S}^2$ の固有値は $S(S+1)$ であり，S をスピンの大きさという．以下では，大きさ $S = 1/2$ をもつ原子（またはイオン）が N 個あり，お互いの間の相互作用が無視できるとする．z 方向をスピンの量子化軸に選ぶと，スピンの z 成分の固有値は $S_z = \pm 1/2$ で与えられ．そのとき，1 個の原子は z 方向に**磁気モーメント** $m_z = -g\mu_{\rm B} S_z$ をもつ（電子は負電荷をもつため，スピン角運動量の向きと磁気モーメントの向きが逆になる）．ここで，g は g 因子とよばれ，ほぼ 2 に等しい．$\mu_{\rm B} = e\hbar/2m = 9.274 \times 10^{-24}\mathrm{J/T}$ は**ボーア磁子**，S^z はスピンの z 成分である．N 個の原子の全磁気モーメントは $M_z = Nm_z$ となる．

　z 軸方向に一様な外部磁場 H がかかっているとすると，ハミルトニアンは

$$\mathcal{H} = -M_z H = \sum_{i=1}^{N} g\mu_{\rm B} H S_i^z \tag{5.128}$$

で与えられる．ハミルトニアンの固有値は，スピンの上向き（$S_i^z = +1/2$）・下向き（$S_i^z = -1/2$）に対応して，$\mp\mu_{\rm B}H$ である．したがって，分配関数は

$$Z = \left(e^{\beta\mu_{\rm B}H} + e^{-\beta\mu_{\rm B}H}\right)^N = \left(2\cosh\frac{\mu_{\rm B}H}{k_{\rm B}T}\right)^N \tag{5.129}$$

で与えられる．ヘルムホルツの自由エネルギーは

$$F = -k_{\rm B}T\log Z = -Nk_{\rm B}T\log\left(2\cosh\frac{\mu_{\rm B}H}{k_{\rm B}T}\right) \tag{5.130}$$

エントロピー，エネルギーはそれぞれ

$$S = -\frac{\partial F}{\partial T} = Nk_{\rm B}\left[\log\left(2\cosh\frac{\mu_{\rm B}H}{k_{\rm B}T}\right) - \frac{\mu_{\rm B}H}{k_{\rm B}T}\tanh\frac{\mu_{\rm B}H}{k_{\rm B}T}\right] \tag{5.131}$$

---

[14]ここでは，角運動量を $\hbar$ 単位で量ることにする．

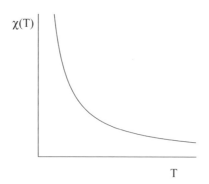

図 5.9: スピン $S = 1/2$ をもつ孤立原子の帯磁率

$$E = F + TS = -N\mu_B H \tanh \frac{\mu_B H}{k_B T} \tag{5.132}$$

と求まる．エネルギーは，$E = \partial \log Z/\partial(-\beta)$ によって求めてもよい．

全磁化は

$$M_z = -\frac{\partial F}{\partial H} = N\mu_B \tanh \frac{\mu_B H}{k_B T} \tag{5.133}$$

により求めてもよいし，N 個のスピンは独立なので，直接 m_z の平均値を求めて N 倍し，

$$M_z = N \frac{\mu_B e^{\beta \mu_B H} - \mu_B e^{-\beta \mu_B H}}{\mu_B e^{\beta \mu_B H} + \mu_B e^{-\beta \mu_B H}} \tag{5.134}$$

により求めてもよい．これは，式 (5.133) と等しい．

帯磁率は

$$\chi = \lim_{H \to 0} \frac{\partial M_z}{\partial H} = \frac{N\mu_B^2}{k_B T} \tag{5.135}$$

となる．温度の逆数に依存する帯磁率の振る舞いは，「**キュリー**[15]**の法則**」とよばれ，1895 年に発見された．温度依存性を図 5.9 に示した．

磁場中のスピンの定積比熱は，

$$\begin{aligned} C &= \frac{\partial E}{\partial T} = Nk_B \left(\frac{\mu_B H}{k_B T}\right)^2 \frac{1}{\cosh^2(\mu_B H/k_B T)} \\ &= Nk_B \left(\frac{\mu_B H}{k_B T}\right)^2 \frac{e^{2\mu_B H/k_B T}}{(e^{2\mu_B H/k_B T} + 1)^2} \end{aligned} \tag{5.136}$$

---

[15]Pierre Curie (1859–1906)

5.10. スピン常磁性　　　　　　　　　　　　　　　　　　　　　　93

と計算される. この式は, $2\mu_{\mathrm{B}} H = \Delta$ とおけば, 2準位系の比熱と同じである. この対応は, 1個のスピンのエネルギー固有値が $\mp\mu_{\mathrm{B}} H$ であることから, その差が $2\mu_{\mathrm{B}} H$ となることより明らかであろう.

章末問題

1. 互いに独立なスピンの大きさ $1/2$ の粒子 N 個が一様な磁場 H の中におかれている場合, これを**小正準集合**の方法によって取扱い, 温度 T における, (a) 全磁気モーメント M, (b) 全エネルギー E を求め, 正準集合の方法による結果 (5.10 節) と一致するかどうか確かめよ.

2. 原子が大きさ J の角運動量をもっていると, 磁場 H 中で, その固有エネルギーは $(2J+1)$ 個の準位 $-g_J\mu_{\mathrm{B}} mH$ ($m = -J, -J+1, -J+2, \cdots, J-1, J$) に分裂し, それぞれの準位は磁気モーメント $g_J\mu_{\mathrm{B}} m$ をもつ. ここで g_J はランデ (Landè) の g 因子とよばれる. $g_{1/2} = 2$ である.

(a) このような磁気モーメント N 個が磁場 H, 温度 T の中で熱平衡にあるときの, 全磁化の熱平均値 M が,
$$M = Ng_J\mu_{\mathrm{B}} J\, B_J(\beta g_J\mu_{\mathrm{B}} HJ)$$
$$B_J(x) = \frac{2J+1}{2J}\coth\left(\frac{2J+1}{2J}x\right) - \frac{1}{2J}\coth\left(\frac{x}{2J}\right)$$
となることを示せ. $B_J(x)$ をブリユアン関数という.

(b) 磁化率 $\chi = \lim_{H\to 0}(\partial M/\partial H)$ を計算せよ.

(c) $J = 1/2$ のときは (a), (b) はどうなるか. はじめから $J = 1/2$ とした計算と一致するか確かめよ.

(d) 同じく $J \to \infty$, $\mu_{\mathrm{B}} \to 0$, $g_J\mu_{\mathrm{B}} J \to \mu_0$ のときはどうなるか.
ただし, 磁気モーメント間の相互作用は考えなくてもよいものとする.

3. 正準集合の方法によって, 大きさ μ の古典的な電気双極子モーメント $\boldsymbol{\mu}$ をもつ 2 原子分子 N 個からなる理想気体に z 方向に電場 E をかけたときの, z 方向の電気分極 P (単位体積あたりの分子の μ_z の平均値) が, $P = (N\mu/V)L(E\mu/k_{\mathrm{B}}T)$ で与えられることを示せ. ただし, $L(x) = \coth(x) - x^{-1}$ はランジュバン[16]関数である. また, 電気変位 $\boldsymbol{D} = \varepsilon\boldsymbol{E} = \varepsilon_0\boldsymbol{E} + \boldsymbol{P}$ として, 誘電率 ε を求めよ. ただし, ε_0 は真空の誘電率である. また, 分子 1 個のハミルトニアンは
$$\mathcal{H}_1 = \frac{\boldsymbol{p}^2}{2m} + \frac{p_\theta^2}{2I} + \frac{p_\phi^2}{2I\sin^2\theta} - E\mu\cos\theta$$
で与えられる. $\boldsymbol{p}$ は並進運動の運動量, θ, ϕ は, 双極子モーメントの z 軸から測った角度と, z 軸まわりの回転角, p_θ, p_ϕ はそれらに対応する運動量である. m は分子の質量, I は分子の回転のモーメントである.

---
[16]Paul Langevin (1872–1946)

94   第 5 章　正準集合と自由エネルギー

4. N 個の棒状の分子 (長さ a) が x 軸上につながっている．分子は x 軸の正または負
の方向のみに，それぞれ確率 1/2 で向くことができる．どちらを向いてもエネル
ギーは変わらないとする．分子の向きを表す変数 $\sigma_i = \pm 1$ ($i = 1 \cdots N$) を導入し，
$\sigma_i = 1$ なら右向き，$\sigma_i = -1$ なら左向きとする．これを用いると，鎖の長さ x は
$x = a \sum_{i=1}^{N} \sigma_i$ と書けるので，分子の長さを x に固定したときの，分子の配列の場
合の数 $W(x)$ は，x が十分長いとき，x/a を連続変数と見なして，

$$W(x) = \sum_{\sigma_1 = \pm 1} \cdots \sum_{\sigma_N = \pm 1} \delta\left(\frac{x}{a} - \sum_{i=1}^{N} \sigma_i\right)$$

と書ける．
(a) 張力 X が一定の場合に対する分配関数 $Z(T, X) = \int_{-Na}^{Na} (dx/a) W(x) e^{\beta X x}$ を計
算せよ．
(b) 長さ x の平均値 $\langle x \rangle$ を計算せよ．張力が小さい極限での $\langle x \rangle$ と X の関係を求めよ．
(c) この系では，分子の向きがどうなろうと，エネルギーは一定である．それなのに
張力が生じるのはなぜか．

第6章 大正準集合と量子統計

　この章では，熱浴との間に，エネルギーと，粒子とをやり取りすることができる系の統計力学を考察する．この場合の微視的な状態の出現確率を，「**大正準分布**」といい，それに従う微視的状態の集団を，「**大正準集合**」という．この章で学ぶ方法は，とくに，「**量子統計**」を考慮した同種粒子の多粒子集団に適用するときに大変便利である．重要な応用例として，金属中の自由電子と，ボース–アインシュタイン凝縮を扱う．

6.1 大正準集合とグランドポテンシャル

　われわれが対象とする「系S」が，「熱浴B」との間で，エネルギーのやり取りだけでなく，粒子もやり取りできる場合を考えよう．すなわち，「系S」のエネルギー E と粒子数 N は一定でなく，変化し得るとする．ただし，熱浴Bと合せた「全系S+B」のエネルギー E_{S+B} と粒子数 N_{S+B} は一定である．すなわち，$E_{S+B} = E + E_B$，$N_{S+B} = N + N_B$ は一定である．体積 V は変化しないので，しばらくの間，省略する．

　この場合，正準集合の導出とまったく同様にして，「熱浴」の状態数 $W_B(E_B, N_B) = W_B(E_{S+B} - E, N_{S+B} - N)$ の対数を E, N についてテイラー展開して，

$$\log W_B(E_{S+B} - E, N_{S+B} - N) \simeq \log W_B(N_{S+B}, E_{S+B}) - \beta E \\ - \alpha N + \cdots \tag{6.1}$$

$$\beta \equiv \frac{\partial \log W_B(E_{S+B}, N_{S+B})}{\partial E_{S+B}} \simeq \frac{\partial \log W_B(E_B, N_B)}{\partial E_B} \tag{6.2}$$

$$\alpha \equiv \frac{\partial \log W_B(E_{S+B}, N_{S+B})}{\partial N_{S+B}} \simeq \frac{\partial \log W_B(E_B, N_B)}{\partial N_B} \tag{6.3}$$

とおく．第1式からは，正準集合のときと同様に，$\beta = 1/k_B T$ となる．系の粒子数が N，エネルギーが $[E, E+\Delta E]$ となるような状態の出現確率 $p(E, V, N)\Delta E$

は，

$$p(E,V,N)\Delta E = \frac{W_{\mathrm{S}}(E,V,N)W_{\mathrm{B}}(E_{\mathrm{S+B}}-E,V,N_{\mathrm{S+B}}-N)}{W_{\mathrm{S+B}}(E_{\mathrm{S+B}},V,N_{\mathrm{S+B}})}$$

$$\simeq \frac{\Omega(E,V,N)e^{-\alpha N-\beta E}}{Z_{\mathrm{G}}(T,V,\alpha)}\Delta E \tag{6.4}$$

$$Z_{\mathrm{G}}(T,V,\alpha) = \sum_{N=0}^{\infty}\int_0^{\infty}\Omega(E,V,N)e^{-\alpha N-\beta E}\mathrm{d}E \tag{6.5}$$

となる．ここで $Z_{\mathrm{G}}(T,V,\alpha)$ は**大分配関数**とよばれている．$Z_{\mathrm{G}}(T,V,\alpha)$ は $\Omega(E,V,N)$ の E と N についての 2 重のラプラス変換（ただし，後者については，離散的な）になっている．

この式は，正準集合のときと同様にして，

$$Z_{\mathrm{G}}(T,V,\alpha) = \sum_{N=0}^{\infty}\sum_n e^{-\alpha N-\beta E_n^{(N)}} \tag{6.6}$$

とも書ける．式 (6.5) との違いは，式 (6.5) では，エネルギーが同じ微視的な状態 $\Omega(E,V,N)$ 個を一まとめにしていることである．式 (6.6) では，すべての固有状態 n について和をとっている．

粒子数が N でエネルギーが $E_n^{(N)}$ の微視的な状態の出現確率は，

$$p_n^{(N)} = \frac{1}{Z_{\mathrm{G}}}e^{-\alpha N-\beta E_n^{(N)}} \tag{6.7}$$

となる．$E_n^{(N)}$ は粒子数が N 個の系の固有エネルギーである．粒子が互いに相互作用している系では，N が変わると，一般に固有エネルギーも変化するので，注意が必要である．また，$E_n^{(N)}$ は，1 粒子の固有エネルギーの和で書くことはできない．

物理量 A の統計平均は

$$\langle A\rangle = \frac{\displaystyle\sum_{N=0}^{\infty}\sum_n\langle N,n|\hat{A}|N,n\rangle e^{-\alpha N-\beta E_n^{(N)}}}{\displaystyle\sum_{N=0}^{\infty}\sum_n e^{-\alpha N-\beta E_n^{(N)}}} \tag{6.8}$$

となる．ここで，$|N,n\rangle$ は粒子数が N 個であるような系の n 番目の固有状態である．

6.2. 同種粒子系の量子力学　　　　　　　　　　　　　　　　　　97

α と β の物理的な意味は，正準集合のときと同様にして，$\mathrm{d}(\log Z_{\mathrm{G}})$ とグランドポテンシャル $\Xi = E - TS - \mu N$ (μ は化学ポテンシャル) の全微分との比較により，

$$\alpha = -\mu/k_{\mathrm{B}}T, \quad \beta = 1/k_{\mathrm{B}}T \tag{6.9}$$

となること，および，

$$\Xi = -k_{\mathrm{B}}T \log Z_{\mathrm{G}}(T, V, \mu) \tag{6.10}$$

を示すことができる．ここで，$Z_{\mathrm{G}}(T, V, \alpha)$ を $Z_{\mathrm{G}}(T, V, \mu)$ と書き直した．

なお，ギブス-デュエムの関係式 $G = \mu N$ を用いると，$\mathcal{X} = F - G = -pV$ と書けることに注意しよう．

6.2　同種粒子系の量子力学

量子力学では「原理的に」同種の粒子を区別できない．N 個の粒子からなる**多粒子系**の波動関数 $\Psi(r_1, \cdots, r_N)$ の位置座標変数 $r_1, \cdots, r_N$ に付いた添字は，便宜的なものにすぎず，特定の粒子を指すものではない．

また，物理量 A の期待値は，対応する演算子を $\hat{A}(r_1, \cdots, r_N, \hat{p}_1, \cdots, \hat{p}_N)$ とするとき，

$$\langle A \rangle = \int \Psi^*(r_1, \cdots, r_N)\hat{A}\Psi(r_1, \cdots, r_N)\mathrm{d}r_1 \cdots \mathrm{d}r_N \tag{6.11}$$

で求められるが，$\hat{A}$ は通常，$\hat{A} = \sum_{i=1}^{N} \hat{A}_i$ など，粒子の番号の入れ換えで不変な形をしているので，Ψ の中の「**任意の**」二つの変数 r_i と r_j を入れ換えたときに，α を実数として，

$$\Psi(\cdots, r_j, \cdots, r_i, \cdots) = e^{i\alpha}\Psi(\cdots, r_i, \cdots, r_j, \cdots) \tag{6.12}$$

であれば，物理量の期待値 $\langle A \rangle$ は不変である．$i \leftrightarrow j$ の入れ換えを 2 回続けて行えば元に戻るから，$e^{2i\alpha} = 1$ でなければならない．よって，$\alpha = 0, \pi, 2\pi, \cdots$ である．ゆえに $e^{i\alpha} = \pm 1$ でなければならない．すなわち，

$$\Psi(\cdots, r_j, \cdots, r_i, \cdots) = \pm\Psi(\cdots, r_i, \cdots, r_j, \cdots) \tag{6.13}$$

のどちらかでなければならない．

98   第6章　大正準集合と量子統計

　自然界の粒子はこのどちらかの性質をもった波動関数で記述されることがわ
かっている．＋（プラス）の場合を**完全対称な波動関数**といい，これによって
表される粒子を**ボース粒子**，－（マイナス）の場合を**完全反対称な波動関数**と
いい，これに従う粒子を**フェルミ粒子**とよぶ．前者の例は中間子，光子などで
あり，整数値のスピン $(S = 0, 1, 2, \cdots)$ をもつことが知られている．後者の
例は，電子，陽子，中性子などであり，反奇数のスピン $(S = 1/2, 3/2, \cdots)$ を
もつ．ただし，陽子や中性子は3個の，中間子は2個の「クォーク」というよ
り小さな素粒子でできている複合粒子である．クォーク自身はフェルミ粒子で
あるが，奇数個のフェルミ粒子が含まれた複合粒子はフェルミ粒子として振る
舞い，偶数個であればボース粒子として振る舞うことが知られている．

　例として，自由な2粒子系を考えよう．シュレーディンガー方程式は

$$\left(-\frac{\hbar^2}{2m}\boldsymbol{\nabla}_1^2 - \frac{\hbar^2}{2m}\boldsymbol{\nabla}_2^2\right)\Psi(\boldsymbol{r}_1, \boldsymbol{r}_2) = E\Psi(\boldsymbol{r}_1, \boldsymbol{r}_2) \tag{6.14}$$

となる．1粒子問題

$$-\frac{\hbar^2}{2m}\boldsymbol{\nabla}^2\phi_n(\boldsymbol{r}) = \varepsilon_n\phi_n(\boldsymbol{r}) \tag{6.15}$$

の解を用いると，

$$\Psi_{k\ell}(\boldsymbol{r}_1, \boldsymbol{r}_2) = \phi_k(\boldsymbol{r}_1)\phi_\ell(\boldsymbol{r}_2) \tag{6.16}$$

は2粒子問題の解になっており，エネルギーは $E = \varepsilon_k + \varepsilon_\ell$ である．しかしこ
の波動関数は完全（反）対称の条件を満たしていない．それを満たすようにす
るには，ボース粒子のときは，次のように $\boldsymbol{r}_1$ と $\boldsymbol{r}_2$ を入れ換えたものとの線形
結合を作ればよい：

$$\Psi_{k\ell}^{\mathrm{S}}(\boldsymbol{r}_1, \boldsymbol{r}_2) = \frac{1}{\sqrt{2}}\left[\phi_k(\boldsymbol{r}_1)\phi_\ell(\boldsymbol{r}_2) + \phi_\ell(\boldsymbol{r}_1)\phi_k(\boldsymbol{r}_2)\right] \tag{6.17}$$

同様にして，フェルミ粒子のときは完全反対称の要請を満たすように

$$\Psi_{k\ell}^{\mathrm{A}}(\boldsymbol{r}_1, \boldsymbol{r}_2) = \frac{1}{\sqrt{2}}\left[\phi_k(\boldsymbol{r}_1)\phi_\ell(\boldsymbol{r}_2) - \phi_\ell(\boldsymbol{r}_1)\phi_k(\boldsymbol{r}_2)\right] \tag{6.18}$$

としてやればよい．もしも1粒子軌道が同じもの $(k = \ell)$ であれば，

$$\Psi_{kk}^{\mathrm{S}}(\boldsymbol{r}_1, \boldsymbol{r}_2) = \sqrt{2}\phi_k(\boldsymbol{r}_1)\phi_k(\boldsymbol{r}_2), \quad \Psi_{kk}^{\mathrm{A}}(\boldsymbol{r}_1, \boldsymbol{r}_2) = 0 \tag{6.19}$$

となる．第1式は正しく規格化するには $\sqrt{2!}$ で割る必要がある．N 粒子系の場
合の補正は以下で述べる．第2式は，フェルミ粒子系では同じ状態に2個同種
の粒子が入ることは許されないことを意味し，「**パウリ**[1]**の排他律**」とよばれる．

---
[1]Wolfgang Ernst Pauli(1900–1958)

6.2. 同種粒子系の量子力学

以上の議論を N 粒子系に拡張すると，粒子間相互作用のない場合，ボース粒子系，フェルミ粒子系それぞれで，完全対称および完全反対称な波動関数は

$$\Psi^{\mathrm{S}}(\boldsymbol{r}_1, \cdots, \boldsymbol{r}_N) = \frac{1}{\sqrt{N! \prod_i n_i!}} \sum_P \phi_{k_1}(\boldsymbol{r}_{P1}) \cdots \phi_{k_N}(\boldsymbol{r}_{PN}) \quad (6.20)$$

$$\Psi^{\mathrm{A}}(\boldsymbol{r}_1, \cdots, \boldsymbol{r}_N) = \frac{1}{\sqrt{N!}} \sum_P (-1)^P \phi_{k_1}(\boldsymbol{r}_{P1}) \cdots \phi_{k_N}(\boldsymbol{r}_{PN}) \quad (6.21)$$

と書ける．ここで，P は置換演算子で，$\boldsymbol{r}_{P1}, \cdots \boldsymbol{r}_{PN}$ は $\boldsymbol{r}_1, \cdots \boldsymbol{r}_N$ を並べ換えたものを表す．また，$(-1)^P$ は，P が偶置換なら $+1$，奇置換なら -1 である（任意の置換は，どれか二つを入れ換えることを繰り返すことで実現できる．二つの入れ換えを偶数回行ってできる置換を偶置換，奇数回のものを奇置換という）．なお，Ψ^{A} を**スレーター行列式** (Slater determinant)，Ψ^S をパーマネント (permanent) ということがある．

Ψ^S では，各状態 k_i に入ることができる粒子の数には制限がない．これを，「**ボース[2]–アインシュタイン統計**」または「**ボース統計**」という．状態 k_i に入っている粒子の個数を n_i とする．同じ状態に n_i 個入っていると，置換演算子 P によって入れ換えをしても，n_i 個の波動関数の積は不変である．その入れ換えの数 $n_i!$ の平方を規格化因子に含めておく必要があるので，規格化因子に $1/\sqrt{\prod_{i=1}^N n_i!}$ が含まれているのである．

一方，フェルミ粒子系のときは，2 粒子の場合と同様にして，$k_1, \cdots, k_N$ のうち二つ以上が等しいと $\Psi^A = 0$ となる．すなわち，フェルミ粒子系では，一つの量子状態に 2 個以上同種粒子が入ることができない（スピンが異なれば入ることができる）．このことを，「**フェルミ–ディラック統計**」または「**フェルミ統計**」という．このため，ボース粒子系のような規格化因子の補正は必要ない．その代わり，各波動関数 $\phi_{k_i}(\boldsymbol{r}_{Pi})$ は空間部分の波動関数とスピンに関する波動関数の積となっている．量子数 k_i はその両者の量子数を合せたものを表している．そのような波動関数 N 個の積に関して，完全反対称化を行わなければならない．

両者合せて「**量子統計**」とよび，粒子を区別できる場合を「**古典統計**」という．これらの事柄は，次の 6.3 節以降で量子多粒子系を扱うときに重要になる．また，金属中の電子の性質や，超伝導，超流動などの量子凝縮現象の基礎となるものである．

---

[2]Satyendra Nath Bose (1894–1974)

6.3 フェルミ統計とボース統計

金属中の伝導電子などの動き回り得る粒子の場合には，着目している部分系において，それ以外の部分との粒子のやり取りが可能とする大正準集合の方法が便利である．

互いに相互作用のない理想量子気体を考えよう．大分配関数は，ボース粒子の場合には一つの量子状態にいくらでも粒子が入れるので，

$$Z_{\mathrm{G}}(T, V, \mu) = \sum_{n_0=0}^{\infty} \sum_{n_1=0}^{\infty} \cdots \exp\left[-\beta \sum_{\alpha=0}^{\infty}(\varepsilon_\alpha - \mu)n_\alpha\right] \tag{6.22}$$

となる．フェルミ粒子の場合には，一つの量子状態に1個までしか入れないので

$$Z_{\mathrm{G}}(T, V, \mu) = \sum_{n_0=0,1} \sum_{n_1=0,1} \cdots \exp\left[-\beta \sum_{\alpha=0}^{\infty}(\varepsilon_\alpha - \mu)n_\alpha\right] \tag{6.23}$$

と書ける．

これらは簡単に計算ができて，ボース粒子の場合には，

$$Z_{\mathrm{G}}(T, V, \mu) = \prod_{\alpha} \sum_{n_\alpha=0}^{\infty} \exp\left[-\beta \sum_{\alpha=0}^{\infty}(\varepsilon_\alpha - \mu)n_\alpha\right] = \prod_{\alpha} \frac{1}{1 - e^{-\beta(\varepsilon_\alpha - \mu)}} \tag{6.24}$$

フェルミ粒子の場合には，

$$Z_{\mathrm{G}}(T, V, \mu) = \prod_{\alpha} \sum_{n_\alpha=0,1} \exp\left[-\beta \sum_{\alpha=0}^{\infty}(\varepsilon_\alpha - \mu)n_\alpha\right] = \prod_{\alpha}[1 + e^{-\beta(\varepsilon_\alpha - \mu)}] \tag{6.25}$$

となる（量子多粒子系を小正準集合で扱おうとすると，$\{n_\alpha\}$についての和を$\sum_\alpha n_\alpha = N = $一定，$\sum_\alpha \varepsilon_\alpha n_\alpha = E = $一定の条件の下で，かつ，一つの量子状態に入れる数の制限まで考慮して，状態数の計算を行わなければならない．それに比べて，ここではそれらの制約がないために，すべての可能な数と状態について和をとればよく，はるかに簡単になっている）．

よって，グランドポテンシャルはボース粒子の場合には，

$$\Xi(T, V, \mu) = k_{\mathrm{B}}T \sum_{\alpha} \log\left[1 - e^{-\beta(\varepsilon_\alpha - \mu)}\right] \tag{6.26}$$

6.3. フェルミ統計とボース統計

フェルミ粒子の場合には,

$$\Xi(T,V,\mu) = -k_{\mathrm{B}}T\sum_{\alpha}\log[1 + e^{-\beta(\varepsilon_\alpha - \mu)}] \tag{6.27}$$

となる. 粒子数の平均値は

$$\langle N \rangle = -\left(\frac{\partial \Xi}{\partial \mu}\right)_{T,V} = \sum_{\alpha}\frac{1}{e^{\beta(\varepsilon_\alpha - \mu)} \mp 1} \tag{6.28}$$

（符号はボース粒子のとき $-$, フェルミ粒子のとき $+$）と求まる.

これらを $\langle N \rangle = \sum_{\alpha} n_\alpha$（ボース粒子）, $\langle N \rangle = \sum_{\alpha} f_\alpha$（フェルミ粒子）とおくなら,

$$n_\alpha = \frac{1}{e^{\beta(\varepsilon_\alpha - \mu)} - 1} \quad （ボース粒子） \tag{6.29}$$

$$f_\alpha = \frac{1}{e^{\beta(\varepsilon_\alpha - \mu)} + 1} \quad （フェルミ粒子） \tag{6.30}$$

となる. ここに現れた関数はそれぞれの粒子集団において, 1粒子状態の平均の占拠数を表しており,

$$n(\varepsilon) = \frac{1}{e^{\beta(\varepsilon - \mu)} - 1}, \quad f(\varepsilon) = \frac{1}{e^{\beta(\varepsilon - \mu)} + 1} \tag{6.31}$$

をそれぞれボース分布関数, フェルミ分布関数とよんでいる. なお, 現実の系では, 多くの場合, 粒子数は一定であるので, 以下では $\langle N \rangle = N$ と書くことにする. したがって, μ は T,V,N の関数 $\mu(T,V,N)$ として決め直すことになる.

ボース分布関数 $n(\varepsilon)$ は $\varepsilon = \mu$ のところで発散し, $\varepsilon < \mu$ では $n(\varepsilon) < 0$ になる. 自由粒子の1粒子エネルギーは $\varepsilon_\alpha = \varepsilon_{\boldsymbol{k}} = \hbar^2\boldsymbol{k}^2/2m \geq 0$ であるので, $\varepsilon_{\boldsymbol{k}} \geq 0$ の範囲で粒子の数が負になることはあり得ないから, 自由なボース粒子系では $\mu \leq 0$ でなければならない. また, 低温の極限では $\varepsilon_\alpha \geq 0$ の領域で $\varepsilon_\alpha \approx 0$ 以外では $n_\alpha \approx 0$ になるので, 全粒子数 N が

$$N = \sum_{\alpha} n(\varepsilon_\alpha) \tag{6.32}$$

を満たすには, $\mu \to 0^-$ でなければならない（図 6.1）. このとき粒子は大部分 $\boldsymbol{k} = 0$ の状態に収容される. これは**ボース-アインシュタイン凝縮** (6.9節) とよばれ, 超流動や超伝導の生ずる機構の一部となっている.

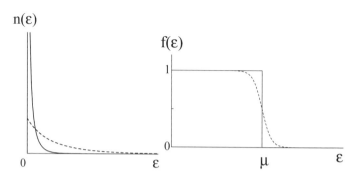

図 6.1: 左：ボース分布関数．実線：低温で，$\mu \to 0^-$ の場合．破線：高温で，$\mu < 0$ の場合．右：フェルミ分布関数．実線：$T = 0$ の場合．破線：$T > 0$ の場合．

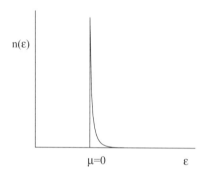

図 6.2: 粒子数一定の系の低温でのボース分布関数

フェルミ分布関数は低温の極限では

$$f(\varepsilon) = \begin{cases} 1 & (\varepsilon < \mu) \\ 0 & (\varepsilon > \mu) \end{cases} \tag{6.33}$$

という階段状の関数となる．したがって，フェルミ粒子系では，絶対零度では，粒子はエネルギーが 0 から μ までの状態をスピンの縮重度が許す $(2S + 1)$ 個ずつ占拠しており，それより上の状態は空になっている．この状態を，**フェルミ縮退**というが，このことが次節以降で見るようにフェルミ粒子系の性質を規定している．

6.4 理想フェルミ気体

　理想フェルミ気体とは，フェルミ–ディラック統計に従う粒子の系で，粒子間の相互作用がまったくないと仮定したものをいう．現実には必ず相互作用があるが，次節で述べる金属中の電子（とくに，アルカリ金属など）や中性子星などが近似的に該当すると考えられている．液体 ^{3}He もフェルミ–ディラック統計に従うので，理想フェルミ気体に近いが，わずかな相互作用のために，極低温で，超流動状態となる．

6.5 金属の自由電子模型

　Na，K などの金属結晶では，構成原子の最外殻の電子が原子から離れて結晶中を伝導電子として動き回ることができる．このとき，後に残されたイオン化された原子は伝導電子に対して強いクーロン引力を及ぼす．これらのイオンは周期的に配列しており，伝導電子は格子状の変動の大きなポテンシャル中を運動する．また，伝導電子間には強いクーロン斥力が働いており，電子はお互いに避け合いながら運動しなければならない．したがって，金属中の伝導電子は相互作用のない自由電子とはとても思えないのであるが，実は電子間のクーロン斥力のおかげでイオンの作る凸凹のポテンシャルが遮蔽されて平らにならされ，また，電子間の斥力自体も弱められる．このため，イオンからのポテンシャルと電子間の相互作用を無視した自由電子模型が比較的よい近似となっているのである．

　金属中の電子を一辺が L，体積が $V = L^3$ の立方体に閉じ込められているとすると，固有関数と固有エネルギーは 3 章の式 (3.1) より，

$$\phi_{\boldsymbol{k}}(\boldsymbol{r}) = \frac{1}{\sqrt{V}} e^{i\boldsymbol{k}\cdot\boldsymbol{r}}, \quad \varepsilon_{\boldsymbol{k}} = \frac{\hbar^2 \boldsymbol{k}^2}{2m} \tag{6.34}$$

で与えられる．周期境界条件を課すと，$\boldsymbol{k} = (2\pi/L)(n_x, n_y, n_z)$ となる（$n_x, n_y, n_z = 0, \pm 1, \pm 2, \cdots$）．また，電子は大きさ 1/2 のスピンをもち，スピンの z 成分の固有値は $\pm 1/2$ であるが，これを $\sigma = \pm 1$ という変数，または $\uparrow, \downarrow$ という矢印で表す．

大正準集合を用いると，大分配関数とグランドポテンシャルは，

$$Z_{\mathrm{G}} = \prod_{\boldsymbol{k}\sigma}\left[1 + e^{-\beta(\varepsilon_{\boldsymbol{k}} - \mu)}\right] \tag{6.35}$$

$$\Xi = -k_{\mathrm{B}}T\sum_{\boldsymbol{k}\sigma}\log\left[1 + e^{-\beta(\varepsilon_{\boldsymbol{k}} - \mu)}\right] \tag{6.36}$$

と書ける．これより，系の粒子数とエネルギーは，

$$N = -\frac{\partial\Xi}{\partial\mu} = \sum_{\boldsymbol{k}\sigma}f(\varepsilon_{\boldsymbol{k}}) = \sum_{\boldsymbol{k}\sigma}\frac{1}{e^{\beta(\varepsilon_{\boldsymbol{k}} - \mu)} + 1} \tag{6.37}$$

$$E = \sum_{\boldsymbol{k}\sigma}\varepsilon_{\boldsymbol{k}}f(\varepsilon_{\boldsymbol{k}}) = \sum_{\boldsymbol{k}\sigma}\frac{\varepsilon_{\boldsymbol{k}}}{e^{\beta(\varepsilon_{\boldsymbol{k}} - \mu)} + 1} \tag{6.38}$$

で与えられる．$\sigma = \uparrow, \downarrow$ は電子のスピンの向きについての和である．大正準集合では，化学ポテンシャル μ が独立変数だが，現実には，粒子，たとえば，結晶中の電子の数は決まっているので，化学ポテンシャル μ は全電子数の平均値が実際に存在する電子数 N に等しくなるように定める．

5.9 節で行ったのと同様に，$\boldsymbol{k}, \sigma$ についての和は次のようにして積分におき換えられる：

$$\sum_{\boldsymbol{k}\sigma} = 2\frac{L^3}{(2\pi)^3}\int \mathrm{d}\boldsymbol{k} = 2\frac{V}{(2\pi)^3}\int 4\pi k^2 \mathrm{d}k = \int \mathrm{d}\varepsilon_{\boldsymbol{k}} D(\varepsilon_{\boldsymbol{k}}). \tag{6.39}$$

最後の等号で積分変数を k からエネルギー $\varepsilon_{\boldsymbol{k}} = \hbar^2 k^2/2m$ に変えた．このときに現れた $D(\varepsilon)$ は**状態密度**で，

$$D(\varepsilon) = \frac{V}{2\pi^2}\left(\frac{2m}{\hbar^2}\right)^{3/2}\sqrt{\varepsilon} \tag{6.40}$$

で与えられ，フェルミ粒子系の低温の性質の多くを決定付ける．なお，状態密度は，式 (4.13) と同様にして，デルタ関数を用いて，

$$D(\varepsilon) = \sum_{\boldsymbol{k}\sigma}\delta(\varepsilon - \varepsilon_{\boldsymbol{k}}) \tag{6.41}$$

と書くことができる．

系の全エネルギーと電子数は

6.5. 金属の自由電子模型

$$E = \int_0^\infty D(\varepsilon)\varepsilon f(\varepsilon)\mathrm{d}\varepsilon \tag{6.42}$$

$$N = \int_0^\infty f(\varepsilon)D(\varepsilon)\mathrm{d}\varepsilon \tag{6.43}$$

で計算される.

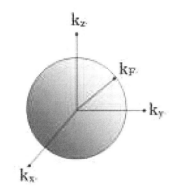

図 6.3: k 空間における半径 k_F の球をフェルミ球といい,電子は,その中の状態を占拠している.k_F をフェルミ波数という.

絶対零度では,$f(\varepsilon) = 1\ (\varepsilon < E_\mathrm{F}),\ 0\ (\varepsilon > E_\mathrm{F})$ となる.E_F は**フェルミ・エネルギー**とよばれ,絶対零度での化学ポテンシャルに等しい:$E_\mathrm{F} \equiv \mu_0 \equiv \mu(T=0)$.$E_\mathrm{F}$ を温度に換算すると,$T_\mathrm{F} = E_\mathrm{F}/k_\mathrm{B}$ となる.これを**フェルミ温度**という.エネルギー E_F を持つ電子の波数 $k_\mathrm{F} = \sqrt{2mE_\mathrm{F}/\hbar^2}$ を**フェルミ波数**という.したがって,絶対零度では,電子は,k 空間の半径 k_F の球の中の状態をすべて占有していることになる (図 6.3).ただし,電子は $\sigma = \pm 1/2$ のスピンをもつので,各状態はスピン↑と↓の2個の電子を収容している.このときの粒子の和は,

$$N = \int_0^{E_\mathrm{F}} D(\varepsilon)\mathrm{d}\varepsilon = \frac{V}{3\pi^2}k_\mathrm{F}^3 \tag{6.44}$$

すなわち,

$$k_\mathrm{F}^3 = 3\pi^2 \frac{N}{V} \tag{6.45}$$

となる.

典型的な1価金属である銅 (Cu) の場合, $n = N/V = 8.45 \times 10^{28} \mathrm{m}^{-3}$ であるので, $k_F = 1.36 \times 10^{10}$, $E_F = 7.00 \,\mathrm{eV} = 1.12 \times 10^{-18} \mathrm{J}$, $T_F = E_F/k_B = 81\,200 \mathrm{K}$ となる. したがって, **通常の金属では, 室温またはそれ以下の温度 T は, T_F に比べて2桁以上小さい**ことになる.

絶対零度における全エネルギーは,

$$E(T=0) = \int_0^{E_F} \mathrm{d}\varepsilon D(\varepsilon)\varepsilon = \frac{3}{5}NE_F \tag{6.46}$$

となる. ここで, $N = (2/3)E_F D(E_F)$ の関係を用いた.

なお, エネルギーが ε まで電子が詰まっているときの電子数を $N(\varepsilon)$ とすると, 状態密度を用いて,

$$N(\varepsilon) \equiv \int_0^\varepsilon D(\varepsilon)\mathrm{d}\varepsilon \tag{6.47}$$

と書けるが, この式を微分して, 逆に,

$$\frac{\partial N(\varepsilon)}{\partial \varepsilon} = D(\varepsilon) \tag{6.48}$$

と書けることに注意しておこう.

6.6 化学ポテンシャルの温度変化

次に, 式 (6.43) から, 有限温度での化学ポテンシャル $\mu(T)$ を決めよう. そのためには, $\varepsilon \sim \mu$ でゆっくり変わる関数 $g(\varepsilon)$ に対して,

$$I = \int_0^\infty g(\varepsilon)f(\varepsilon)\mathrm{d}\varepsilon \tag{6.49}$$

という形の積分を計算する必要がある. 部分積分して,

$$I = G(\varepsilon)f(\varepsilon)|_0^\infty - \int_0^\infty G(\varepsilon)\frac{\partial f(\varepsilon)}{\partial \varepsilon}\mathrm{d}\varepsilon \tag{6.50}$$

とする. $G(\varepsilon)$ は $g(\varepsilon)$ の積分で, $G'(\varepsilon) = g(\varepsilon)$ であるが,

$$G(\varepsilon) = G(0) + \int_0^\varepsilon g(\varepsilon)\mathrm{d}\varepsilon \tag{6.51}$$

と書くことができる.

6.6. 化学ポテンシャルの温度変化

また,

$$-\frac{\partial f(\varepsilon)}{\partial \varepsilon} = \frac{\beta e^{\beta(\varepsilon-\mu)}}{[e^{\beta(\varepsilon-\mu)}+1]^2} = \frac{\beta}{(e^{\beta(\varepsilon-\mu)}+1)(1+e^{-\beta(\varepsilon-\mu)})}$$

$$= \frac{\beta}{(e^x+1)(1+e^{-x})}$$

$$x = \beta(\varepsilon-\mu) = \frac{\varepsilon-\mu}{k_\mathrm{B} T} \tag{6.52}$$

は x についての偶関数 (ε についていえば, μ をはさんで左右対称) であり, 積分すると,

$$\int_{-\infty}^{\infty} \left(-\frac{\partial f(\varepsilon)}{\partial \varepsilon}\right) \mathrm{d}\varepsilon = f(-\infty) - f(\infty) = 1 \tag{6.53}$$

となる. 関数形は, μ を中心としたつりがね型で (図 6.6), 中心での高さは $1/(4k_\mathrm{B} T)$, その幅は $4k_\mathrm{B} T$ の程度である. したがって, $T \to 0$ では,

$$\lim_{T \to 0} \left(-\frac{\partial f(\varepsilon)}{\partial \varepsilon}\right) = \delta(\varepsilon-\mu) \tag{6.54}$$

と見なせる.

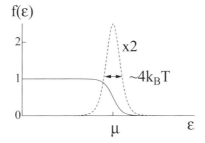

有限だが十分低温では, $-(\partial f(\varepsilon)/\partial \varepsilon)$ は μ を中心とした鋭い関数である. そこで, $G(\varepsilon)$ を μ の近傍で $G(\varepsilon) = G(\mu) + G'(\mu)(\varepsilon-\mu) + \frac{1}{2}G''(\mu)(\varepsilon-\mu)^2 + \cdots$ とテイラー展開し,

$$\begin{aligned}
I = & -G(0) + G(\mu) \int_0^\infty \left(-\frac{\partial f(\varepsilon)}{\partial \varepsilon}\right) \mathrm{d}\varepsilon \\
& + G'(\mu) \int_0^\infty (\varepsilon-\mu) \left(-\frac{\partial f(\varepsilon)}{\partial \varepsilon}\right) \mathrm{d}\varepsilon \\
& + \frac{1}{2} G''(\mu) \int_0^\infty (\varepsilon-\mu)^2 \left(-\frac{\partial f(\varepsilon)}{\partial \varepsilon}\right) \mathrm{d}\varepsilon + \cdots
\end{aligned} \tag{6.55}$$

とする．ここで，最初の項で，$f(\infty) = 0$ を用いた．さて，通常の金属では，$\mu/k_B \sim E_F/k_B = T_F \sim$ 数万 K なので，$-(\partial f(\varepsilon)/\partial \varepsilon)$ が μ を中心とした，幅 $4k_BT$ 程度の関数であることを考えると，これは非常に鋭い関数であり，積分の下限を $-\infty$ としても影響がない．すると，テイラー展開の 0 次の項の積分は 1 となる．1 次の項は，被積分関数が μ を中心とした奇関数になり，積分すれば 0 となる．展開の 2 次の項は，付録 A の公式より，

$$\int_0^\infty (\varepsilon - \mu)^2 \left(-\frac{\partial f(\varepsilon)}{\partial \varepsilon} \right) \mathrm{d}\varepsilon = \frac{\pi^2}{3}(k_BT)^2 \tag{6.56}$$

となる．よって，

$$I = -G(0) + G(\mu) + \frac{\pi^2}{6}(k_BT)^2 G''(\mu) + \cdots \tag{6.57}$$

と評価できる．式 (6.51) を用いれば，

$$\int_0^\infty g(\varepsilon)f(\varepsilon)\mathrm{d}\varepsilon = \int_0^\mu g(\varepsilon)\mathrm{d}\varepsilon + \frac{\pi^2}{6}(k_BT)^2 g'(\mu) + \cdots \tag{6.58}$$

と書ける．これを，**ゾンマーフェルト展開**といい，$T \ll T_F$ で成り立つ近似公式である．第 1 項は，フェルミ分布関数が，0 から μ までの階段関数である場合の値であり，第 2 項が有限温度における第 1 項からの変化分である．

この公式を，粒子数の計算式 (6.43) に適用しよう．$g(\varepsilon) \to D(\varepsilon)$ とおき換えればよい．状態密度が $D(\varepsilon) = A\varepsilon^{1/2}$ というべき乗の関数であることに注意すると，微分や積分が簡単にできる．たとえば，$D'(\varepsilon) = (1/2\varepsilon)D(\varepsilon)$ と書ける．そこで，

$$\begin{aligned}
N &= \int_0^\mu D(\varepsilon)\mathrm{d}\varepsilon + \frac{\pi^2}{6}(k_BT)^2 D'(\mu) + \cdots \\
&= \frac{2\mu}{3}D(\mu) + \frac{\pi^2}{6}(k_BT)^2 \frac{1}{2\mu}D(\mu) + \cdots \\
&= \frac{2\mu}{3}D(\mu) \left[1 + \frac{\pi^2}{8} \left(\frac{k_BT}{\mu} \right)^2 + \cdots \right]
\end{aligned} \tag{6.59}$$

と計算できる．一方，$T = 0$ では，

$$N = \int_0^{\mu_0} D(\varepsilon)\mathrm{d}\varepsilon = \frac{2\mu_0}{3}D(\mu_0) \tag{6.60}$$

となる．式 (6.59) をこの式で割ると，$(2\mu/3)D(\mu) = (2A/3)\mu^{3/2}$ を用いて，

$$1 = \left(\frac{\mu}{\mu_0} \right)^{3/2} \left[1 + \frac{\pi^2}{8} \left(\frac{k_BT}{\mu} \right)^2 + \cdots \right] \tag{6.61}$$

6.7. 金属の電子比熱

となる. 低温では μ は μ_0 に近いので, $k_B T/\mu \ll 1$ であるから,

$$
\begin{aligned}
\mu(T) &= \frac{\mu_0}{\left[1 + \frac{\pi^2}{8}\left(\frac{k_B T}{\mu}\right)^2 + \cdots\right]^{2/3}} \\
&\simeq \mu_0\left[1 - \frac{\pi^2}{12}\left(\frac{k_B T}{\mu}\right)^2 + \cdots\right]
\end{aligned}
\tag{6.62}
$$

となる. このままでは, まだ, 右辺に未知数の μ が含まれているが, 式 (6.62) を右辺の μ に代入してみると, 新たに生じる項は, $O((k_B T/\mu_0)^4) \sim O((T/T_F)^4)$ の程度になり, $O((T/T_F)^2)$ の項に対して無視することができる. したがって, 低温での化学ポテンシャルの温度依存性として,

$$
\mu(T) \simeq \mu_0\left[1 - \frac{\pi^2}{12}\left(\frac{T}{T_F}\right)^2 + \cdots\right]
\tag{6.63}
$$

を得る. 実際, 化学ポテンシャルは有限温度で, $O((T/T_F)^2) \approx 10^{-4}$ 程度しか変化しないことがわかった. また, 温度が上昇すると, 化学ポテンシャルは減少することがわかった. これは, 状態密度の形によることで, $E_F = \mu_0$ の近傍で, 状態密度が増加関数なら, 化学ポテンシャルは温度とともに減少する. 状態密度が減少関数なら, $\mu(T)$ は増加する (章末問題).

6.7　金属の電子比熱

自由電子気体の電子比熱を計算するために, まず, 式 (6.42) により, エネルギーの計算を行おう. ゾンマーフェルト展開を用いると,

$$
\begin{aligned}
E &= \int_0^\infty \varepsilon D(\varepsilon) f(\varepsilon) \mathrm{d}\varepsilon \\
&\simeq \int_0^\mu \varepsilon D(\varepsilon) f(\varepsilon) \mathrm{d}\varepsilon + \frac{\pi^2}{6}(k_B T)^2 \frac{\partial}{\partial \mu}(\mu D(\mu)) + \cdots \\
&= \frac{2}{5}\mu D(\mu) + \frac{\pi^2}{6}(k_B T)^2(D(\mu) + \mu D'(\mu)) + \cdots
\end{aligned}
\tag{6.64}
$$

となる. ここで, $N(\varepsilon)$ を微分すると $D(\varepsilon)$ になること (式 (6.48)) を思い出すと, $D(\mu) = (3/2\mu)N(\mu)$ となる. また, $D'(\mu) = (1/2\mu)D(\mu)$ と書ける. これらを

用いて，

$$
\begin{aligned}
E &= \frac{3}{5}\mu N(\mu) + \frac{3\pi^2}{8}\left(\frac{k_\mathrm{B}T}{\mu}\right)^2 \mu N(\mu) + \cdots \\
&= \frac{3}{5}\mu N(\mu) + \frac{3\pi^2}{8}\left(\frac{k_\mathrm{B}T}{\mu}\right)^2 \mu N(\mu) + \cdots \\
&= \frac{3}{5}\mu N(\mu)\left[1 + \frac{5\pi^2}{8}\left(\frac{k_\mathrm{B}T}{\mu}\right)^2 + \cdots\right]
\end{aligned}
\tag{6.65}
$$

と計算される．右辺第 2 項の分母の μ は，前節と同じ理由で μ_0 でおき換えて
よい．右辺冒頭の $\mu N(\mu) \propto \mu^{5/2}$ は温度変化するので，前節の結果の式 (6.63)
を代入して，

$$
E \simeq \frac{3}{5}\mu_0 N(\mu_0)\left[1 + \frac{5\pi^2}{12}\left(\frac{T}{T_\mathrm{F}}\right)^2 + \cdots\right]
\tag{6.66}
$$

と求まる．

定積比熱 C_V は，

$$
C_\mathrm{V} = \frac{\partial E}{\partial T}
\tag{6.67}
$$

より，

$$
C_\mathrm{V} = \frac{\pi^2}{2\mu_0}N(\mu_0)\frac{T}{T_\mathrm{F}^2}
\tag{6.68}
$$

となるが，$N(\mu_0) = (2/3)\mu_0 D(\mu_0)$ の関係を用い，

$$
C_\mathrm{V} = \frac{\pi^2}{3}k_\mathrm{B}^2 D(\mu_0)T
\tag{6.69}
$$

と書ける．すなわち，自由電子気体の電子比熱は，低温で，温度に比例する．通
常はこれを，

$$
C_\mathrm{V} = \gamma T, \qquad \gamma = \frac{\pi^2}{3}k_\mathrm{B}^2 D(E_\mathrm{F})
\tag{6.70}
$$

と書いて，γ を**ゾンマーフェルト係数**という．ただし，実際にはモル比熱にする
ので，N_A/N をかけなければならない．こうして，**金属の電子比熱は，E_F に
おける状態密度と T の積に比例している**ことがわかった．これは次のようにし
て，簡単に導くことができる．温度を 0 から T に増加させると，フェルミ分布
関数が，絶対零度では階段関数であったのが，幅 $4k_\mathrm{B}T$ 程度，形が滑らかにな

6.7. 金属の電子比熱

る．したがって，$D(E_\mathrm{F}) \times 2k_\mathrm{B}T$ 程度の数の電子が，エネルギーを $2k_\mathrm{B}T$ 程度増加させるので，全エネルギーの増加分は $\Delta E \sim 4k_\mathrm{B}^2 T^2 D(E_\mathrm{F})$ となる．これを温度で微分して，$C_V \sim 8k_\mathrm{B}^2 D(E_\mathrm{F})T$ を得る．係数が多少合わないが，大雑把な見積もりであるから仕方あるまい．

γ の値は，通常の金属では，1 モルあたり，$1\mathrm{mJ/K^2 mol}$ 程度であり，銅 (Cu) では，$\gamma = 0.695\ \mathrm{mJ/K^2 mol}$ であるが，d 電子や f 電子を含む化合物では，$\gamma \sim 100 \sim 1000\ \mathrm{mJ/K^2 mol}$ ほどの大きな値になる物質があり[3]，理想フェルミ気体では無視されていた，結晶の周期ポテンシャルや電子間のクーロン相互作用の効果と考えられている．

電子比熱には，別の，もっと簡単な計算の仕方がある．式 (6.42) より

$$C_V = \int_0^\infty \mathrm{d}\varepsilon D(\varepsilon)\varepsilon\frac{\partial f}{\partial T} \tag{6.71}$$

であるが，式 (6.43) と，$N = $ 一定であることから，

$$0 = \int_0^\infty \mathrm{d}\varepsilon D(\varepsilon)\frac{\partial f}{\partial T} \tag{6.72}$$

であるので，この式に $\mu_0 (= E_\mathrm{F})$ をかけて式 (6.71) より引くと

$$C_V = \int_0^\infty \mathrm{d}\varepsilon D(\varepsilon)(\varepsilon - \mu_0)\frac{\partial f}{\partial T} \tag{6.73}$$

と書ける．さて，

$$\frac{\partial f}{\partial T} = \frac{\partial}{\partial T}\left(\frac{\varepsilon - \mu}{k_\mathrm{B}T}\right)\frac{\partial f}{\partial\left(\frac{\varepsilon-\mu}{k_\mathrm{B}T}\right)} = -\frac{1}{k_\mathrm{B}T^2}\left(\varepsilon - \mu + T\frac{\partial\mu}{\partial T}\right)k_\mathrm{B}T\frac{\partial f}{\partial\varepsilon}$$

$$\tag{6.74}$$

であるが，すでに示したように，$\mu(T) \simeq \mu_0 + O((k_\mathrm{B}T)^2/\mu_0)$ であるので，

$$\varepsilon - \mu + T\frac{\partial\mu}{\partial T} \simeq \varepsilon - \mu + O((k_\mathrm{B}T)^2/\mu_0) \tag{6.75}$$

$$\varepsilon - \mu_0 \simeq \varepsilon - \mu + O((k_\mathrm{B}T)^2/\mu_0) \tag{6.76}$$

となる．また，低温では $(-\partial f(\varepsilon)/\partial\varepsilon)$ が μ を中心とした鋭い関数となるので，$D(\varepsilon) \simeq D(\mu) + D'(\mu)(\varepsilon - \mu) + \cdots$ と展開して代入すると，

$$C_V \to \frac{1}{T}D(\mu)\int_{-\infty}^\infty \mathrm{d}\varepsilon(\varepsilon - \mu)^2\left(-\frac{\partial f}{\partial\varepsilon}\right) \times \left[1 + O\left(\left(\frac{k_\mathrm{B}T}{\mu_0}\right)^2\right)\right] \tag{6.77}$$

---

[3]「重い電子系」とよばれている．

となる[4]．積分は先ほどと同じで $(\pi^2/3)(k_B T)^2$ となるので，$O((k_B T/\mu_0)^2)$ の補正は無視できる．$D(\mu)$ も $D(\mu_0)$ で近似してよく，結局，前と同じ結果：

$$C_V = \frac{\pi^2}{3} k_B^2 D(\mu_0) T \tag{6.78}$$

を得る．この導き方の方が，C_V が $D(E_F)$ に比例することがわかりやすいのであるが，$f(\varepsilon)$ の中の化学ポテンシャルは，あくまで μ_0 でなく μ であること，化学ポテンシャルの温度変化が無視できることを正しく評価することが必要である．このことを示さずに上のような導出をしている教科書をときどき見かけるので，注意が必要である．

実際には，電子比熱に，格子振動によるデバイ比熱(5.9節，式(5.126))が加わるので，低温での金属の比熱は

$$C_V = \gamma T + A T^3 \tag{6.79}$$

の形となる．実験で得られた $C_V(T)$ 用いて，C_V/T を T^2 に対してプロットすることにより，軸との交点と傾きから係数 γ と A を求めることができる（図 6.4）．

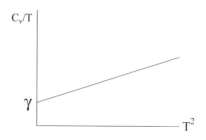

図 6.4: 金属の低温での比熱 C_V/T vs. T^2．直線の傾きが A を与える．

6.8 パウリの常磁性

5.10節で述べたように，電子は，スピン角運動量と軌道角運動量とに起因する磁気モーメントをもち，磁場に対して応答する．ここでは，スピン角運動量による帯磁率を考える．電子は，大きさ $S = 1/2$ のスピン角運動量をもち，スピン演算子の z 成分 $\hat{S}_z$ の固有値は $\pm 1/2$ である．このとき，磁気モーメント m の z 成

---

[4] ここは少し計算を省略してある．読者自ら確かめられたい．

6.8. パウリの常磁性

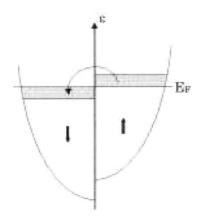

図 6.5: パウリ常磁性の説明．スピン上向き電子のエネルギーが上がり，E_F の上にはみ出した分が，スピン下向き電子の状態密度に流れ込み，スピンの数に差が生じて，磁気モーメントが発生する．

分は $m_z = -g\mu_B S_z$ となる．μ_B はボーア磁子である．g は電子の g 因子で，$g = 2$ と見なしてよい．z 方向に磁場 H がかかっているとき，磁気モーメントと磁場との相互作用のエネルギーは，電磁気学より，$\mathcal{H}' = -m_z H = 2\mu_B S_z H = \pm\mu_B H$ となる．よって，波数 $\bm{k}$ の平面波のエネルギーは，

$$\varepsilon_{\bm{k}} \to \varepsilon_{\bm{k}\sigma} = \varepsilon_{\bm{k}} \pm \sigma\mu_B H \tag{6.80}$$

となる．ただし，$\sigma = 2S_z = \pm 1$ である．$\sigma = 1$ を上向きスピン↑，$\sigma = -1$ を上向きスピン↓と書くこともある．よって，↑電子のエネルギーは $\mu_B H$ 上がり，↓電子のエネルギーは $-\mu_B H$ 下がる．化学ポテンシャルは↑と↓で共通であるから，低温では，図 6.5 のように，$(1/2)D(E_F) \times \mu_B H$ の電子が↑状態から↓状態に移り，↓電子が↑電子よりも $D(E_F)\mu_B H$ だけ多くなる．よって，磁気モーメント $M_z = \mu_B^2 D(E_F) H$ が生じる．すなわち，帯磁率は $\chi = \mu_B^2 D(E_F)$ となる．

これをもう少し一般的に書き表そう．磁場が z 方向にかかっているので，磁気モーメントも z 方向に向く．N 個の電子全体の磁気モーメント M_z は，$N_\uparrow$ 個の上向き電子が磁気モーメント $-\mu_B$，$N_\downarrow$ 個の下向き電子が磁気モーメント μ_B をもつので，

$$M_z = -\mu_B(N_\uparrow - N_\downarrow) = -\mu_B \sum_{\bm{k}}[f(\varepsilon_{\bm{k}} + \mu_B H) - f(\varepsilon_{\bm{k}} - \mu_B H)] \tag{6.81}$$

で与えられる. 帯磁率は,

$$\chi = \lim_{H \to 0} \frac{\partial M_z}{\partial H} \tag{6.82}$$

で定義されるが, いまの場合, $H \to 0$ で $M = 0$ であるから, M_z の式を H について テイラー展開して,

$$M_z \simeq \mu_{\mathrm{B}} \sum_{\boldsymbol{k}} (-2f'(\varepsilon_{\boldsymbol{k}})) \mu_{\mathrm{B}} H \tag{6.83}$$

と計算される. 低温極限では $-f'(\varepsilon_{\boldsymbol{k}}) \to \delta(E_{\mathrm{F}} - \varepsilon_{\boldsymbol{k}})$ なので,

$$M_z \simeq \mu_{\mathrm{B}}^2 2 \sum_{\boldsymbol{k}} (-f'(\varepsilon_{\boldsymbol{k}})) H = \mu_{\mathrm{B}}^2 D(E_{\mathrm{F}}) H \tag{6.84}$$

となる. よって, 帯磁率は,

$$\chi_{\mathrm{P}} = \mu_{\mathrm{B}}^2 D(E_{\mathrm{F}}) \tag{6.85}$$

と求まる. これを,「**パウリの帯磁率**」という. 特徴は, 電子比熱係数 γ と同様に, E_{F} における状態密度の値で決まっていること, 温度によらないこと, の2点である. 温度にはよるのであるが, 電子比熱の計算と同様のことをすれば, 温度の効果は, たかだか

$$\chi_{\mathrm{P}} = \mu_{\mathrm{B}}^2 D(E_{\mathrm{F}}) \times [1 \pm O(T/T_{\mathrm{F}})^2] \tag{6.86}$$

の程度であるので, 通常の金属の場合, 室温以下では, 温度依存性は無視できる.

磁場をかけると, 電子は, かけた磁場を打ち消すような磁場を発生するようにサイクロトロン運動する. すなわち, かけた磁場とは反対向きに磁化が発生するので,「**反磁性**」という. 自由電子では, 発見者の名前を取って, **ランダウ**[5] **反磁性** χ_{L} とい, その値は, $\chi_{\mathrm{L}} = -(1/3)\chi_{\mathrm{P}}$ となることが知られている. よって, 自由電子気体の全帯磁率 χ は,

$$\chi = \chi_{\mathrm{P}} + \chi_{\mathrm{L}} = \frac{2}{3} \mu_{\mathrm{B}}^2 D(E_{\mathrm{F}}) \tag{6.87}$$

となる.

---

[5]Lev Davidovich Landau (1908–1968)

6.9 理想ボース気体のボース–アインシュタイン凝縮

この章では，スピンをもたない，理想ボース気体の性質を調べよう．体積 V の立方体の箱に閉じ込められた粒子のエネルギー固有値は，理想フェルミ気体と同じで，

$$\varepsilon_{\boldsymbol{k}} = \frac{\hbar^2 \boldsymbol{k}^2}{2m} \tag{6.88}$$

である．粒子数の平均値は，ボース分布関数 $n(\varepsilon)$ を用いて，

$$\langle N \rangle = \sum_{\boldsymbol{k}} n(\varepsilon_{\boldsymbol{k}}) = \sum_{\boldsymbol{k}} \frac{1}{e^{\beta(\varepsilon_{\boldsymbol{k}} - \mu)} - 1} \tag{6.89}$$

となる．$\boldsymbol{k}$ についての和は，やはりフェルミ気体の場合と同様に，状態密度を使ったエネルギー積分で，

$$\langle N \rangle = \int_0^\infty \frac{\mathcal{D}(\varepsilon)}{e^{\beta(\varepsilon - \mu)} - 1} \mathrm{d}\varepsilon \tag{6.90}$$

と書けるが，スピンの和がないため，状態密度 $\mathcal{D}(\varepsilon)$ は電子の状態密度 $D(\varepsilon)$ の半分である．よって，

$$\langle N \rangle = 2\pi V \left(\frac{2m}{h^2} \right)^{3/2} \int_0^\infty \frac{\sqrt{\varepsilon}}{e^{\beta(\varepsilon - \mu)} - 1} \mathrm{d}\varepsilon \tag{6.91}$$

となる．

ところで，粒子の数は，実際には固定されている．与えられた粒子数になるように，上式により化学ポテンシャル $\mu(T)$ を決めてやる必要がある．ところが，上式で温度を下げていくと，ボース分布関数は $\exp(-\beta(\varepsilon - \mu))$ に比例して小さくなり，積分値もそれに従って小さくなってしまい，左辺の与えられた粒子数に足りなくなってしまう．どれだけ粒子を詰めることができるかを見るために，右辺で最も多く粒子を収容できるのは $\mu = 0$ の場合であるから，

$$I = \int_0^\infty \frac{\sqrt{\varepsilon}}{e^{\beta\varepsilon} - 1} \mathrm{d}\varepsilon \tag{6.92}$$

を計算しよう．$\beta\varepsilon = x$ とおけば，

$$I = (k_{\mathrm{B}} T)^{3/2} \int_0^\infty \frac{\sqrt{x}}{e^x - 1} \mathrm{d}x \tag{6.93}$$

となるが，右辺の積分の値は，$\Gamma(3/2)\zeta(3/2) = (\sqrt{\pi}/2)\zeta(3/2)$ となる（付録 A 参照）．ツェータ関数 $\zeta(3/2)$ の値は，約 2.612 である．よって，$\mu = 0$ のとき，

$$\langle N \rangle = 2\pi V \left(\frac{2m}{h^2} \right)^{3/2} (k_B T)^{3/2} \times \frac{\sqrt{\pi}}{2} \times 2.612 \tag{6.94}$$

または，

$$\langle N \rangle = 2.612 \times V \left(\frac{2\pi m k_B T}{h^2} \right)^{3/2} \tag{6.95}$$

となる．右辺は温度が下がるとどんどん小さくなるから，**臨界温度**

$$T_c = \frac{h^2}{2\pi m k_B} \left(\frac{N}{2.612 V} \right)^{2/3} \tag{6.96}$$

以下の温度 $T < T_c$ では，存在する N 個の粒子がボース分布関数に収容しきれなくなってしまう．

なお，

$$\lambda_T = \left(\frac{h^2}{2\pi m k_B T} \right)^{1/2} \tag{6.97}$$

という量は，**熱波長** (thermal wavelength) とよばれ，**熱雑音によって量子的な波の波長が乱される長さ**を表している．実際，粒子の運動エネルギーと熱エネルギーを等しくおいて，

$$\frac{\boldsymbol{p}^2}{2m} = \frac{3}{2} k_B T \tag{6.98}$$

とし，運動量 p とド・ブロイ[6]波長 λ の関係 $p = h/\lambda$ を用いると，

$$\lambda = \left(\frac{h^2}{3m k_B T} \right)^{1/2} \tag{6.99}$$

となり，係数の違いを無視すれば，λ は λ_T と同じになる．すなわち，式 (6.96) は，$\langle N \rangle / V = 2.612 \times (2\pi)^{3/2} / \lambda_T^3$ と書けるが，これは，低温になって熱雑音が減り，粒子 1 個が波動として振る舞える領域の体積 $\sim \lambda_T^3$ が，粒子 1 個の占める平均の体積 V/N と同程度になったことを意味している．

ところで，$\langle N \rangle$ の計算において，$\boldsymbol{k} = 0$ の項は，$\mu = 0$ であれば，ボース分布関数が無限大になる．上の積分計算においては，状態密度 $\mathcal{D}(\varepsilon)$ が $\varepsilon = 0$ で 0 に

---

[6]Louis-Victor Pierre Raymond, 7e duc de Broglie (1892–1987)

6.9. 理想ボース気体のボース–アインシュタイン凝縮

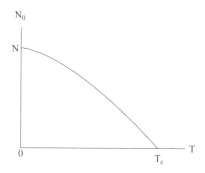

図 6.6: $k = 0$ 状態に凝縮した粒子の数 N_0 の温度変化. T_c は臨界温度.

なることから，無限小の寄与しか与えないのだが，$k = 0$ の項だけ取り出すと無限大になるのである．また，粒子数 N は決まっているのだから，$\langle N \rangle = N$ と書こう．そして，N に合わせて化学ポテンシャル μ を決めてやらないといけない．そこで，この $k = 0$ の項だけ特別扱いすることにして，$n(\varepsilon_{\boldsymbol{k}=0}) \equiv N_0(T)$ とおき，$T < T_c$ では $\mu = 0$ であることを考慮して，

$$N = N_0(T) + \sum_{\boldsymbol{k} \neq 0} \frac{1}{e^{\beta \varepsilon_{\boldsymbol{k}}} - 1}, \qquad N_0(T) = \frac{1}{e^{-\beta \mu} - 1} \tag{6.100}$$

と書く．右辺第 2 項はすでに，式 (6.95) で計算されている．それに，式 (6.96) を変形した式

$$1 = \frac{N}{2.612 \times V(2\pi m k_B T_c / h^2)^{3/2}} \tag{6.101}$$

をかけてやると，式 (6.100) は，

$$N = N_0(T) + N \left(\frac{T}{T_c} \right)^{3/2} \tag{6.102}$$

となる．これより，$k = 0$ 状態を占拠している粒子の数 N_0 が，

$$N_0(T) = N \left[1 - \left(\frac{T}{T_c} \right)^{3/2} \right] \tag{6.103}$$

と求まる．この温度依存性を図 6.6 に示した．

この結果は，$T < T_c$ では，$k = 0$ の状態を，N に比例するマクロな数の粒子が占拠していることを示している．これを，ボース–アインシュタイン凝縮とよぶ．相互作用のない，理想ボース気体が，$T \leq T_c$ で異なる状態 (「相」とい

う）に転移したように見えることは，大変奇妙である．$N_0(T)$ を相を特徴付ける「**秩序変数**」と見なすと，$N_0(T)$ は $T > T_c$ で 0 で，$T \leq T_c$ で連続的に増加している．これを「連続転移」という（「相」，「相転移」については，次章で詳しく論じる）．古典粒子ではこのようなことは起こり得ないから，この相転移は量子統計の効果と考えられる．量子ボース気体では，式 (6.20) のように，一粒子波動関数の積を完全対称化しているので，互いに近づいたときに波動関数の振幅が大きくなる．それがある種の引力として働き，$\boldsymbol{k} = 0$ の状態に凝縮させていると解釈することができる．$T = 0$ では，すべての粒子が $\boldsymbol{k} = 0$ の状態に入ることになる．

$T < T_c$ で $\mu(T)$ がどうなっているかというと，完全に $\mu = 0$ になっているわけではなく，式 (6.103) から，$\exp(-\beta\mu) \simeq 1 - \beta\mu$ を用いて，

$$N_0(T) = \frac{1}{e^{-\beta\mu} - 1} \simeq -\frac{1}{\beta\mu} \tag{6.104}$$

より，

$$\mu \simeq -\frac{k_B T}{N_0(T)} \sim -O\left(\frac{1}{N}\right) \tag{6.105}$$

となる．すなわち，μ は，わずかに負になっている．ただし，$N \to \infty$ では，$\mu \to 0^-$ である．$T = T_c$ では $N_0(T_c) = 0$ になって，$\mu \to -\infty$ になるように見えるが，$N < \infty$ であれば $T = T_c$ でも $N_0(T_c) > 0$ なので心配ない．

次に，温度 T を固定して，式 (6.96) を N について解くと，粒子密度を $n = N/V$ として，n が，

$$n > n_c = 2.612 \left(\frac{2\pi m k_B T}{h^2}\right)^{3/2} \tag{6.106}$$

のように，臨界密度 n_c より大きくなったときにも，ボース–アインシュタイン凝縮が起こる．

6.10　理想ボース気体の比熱

理想ボース気体の比熱は，エネルギー

$$E = \sum_{\boldsymbol{k}} \varepsilon_{\boldsymbol{k}} n(\varepsilon_{\boldsymbol{k}}) = \sum_{\boldsymbol{k}} \frac{\varepsilon_{\boldsymbol{k}}}{e^{\beta(\varepsilon_{\boldsymbol{k}} - \mu)} - 1} \tag{6.107}$$

6.10. 理想ボース気体の比熱

を温度で微分すればよい. $k=0$ の項は, 分子の ε_k が 0 になるため, 特別扱いする必要がない. よって,

$$
\begin{aligned}
E &= 2\pi V \left(\frac{2m}{h^2}\right)^{3/2} \int_0^\infty \frac{\sqrt{\varepsilon}\,\varepsilon}{z^{-1}e^{\beta\varepsilon}-1}\mathrm{d}\varepsilon \\
&= \frac{Vk_\mathrm{B}T}{\lambda_\mathrm{T}^3}\frac{2}{\sqrt{\pi}}\int_0^\infty \frac{x^{3/2}}{z^{-1}e^x-1}\mathrm{d}x
\end{aligned}
\tag{6.108}
$$

となる. ここで, $\beta\varepsilon=x$ とおいた.

$T<T_\mathrm{c}$ では, N が十分大きければ, $\mu=0$ すなわち $z=1$ とおいてよいので,

$$
E = \frac{Vk_\mathrm{B}T}{\lambda_\mathrm{T}^3}\frac{2}{\sqrt{\pi}}\int_0^\infty \frac{x^{3/2}}{e^x-1}\mathrm{d}x
\tag{6.109}
$$

となる. 最後の積分は,

$$
\int_0^\infty \frac{x^{3/2}}{e^x-1}\mathrm{d}x = \frac{3\sqrt{\pi}}{4}\zeta\left(\frac{5}{2}\right)
\tag{6.110}
$$

と計算されるので (付録 A 参照),

$$
E = \frac{3}{2}\frac{Vk_\mathrm{B}T}{\lambda_\mathrm{T}^3}\zeta\left(\frac{5}{2}\right) \propto T^{5/2}
\tag{6.111}
$$

となる. したがって, 粒子1個あたりの比熱は,

$$
C/N = \frac{3}{2}\times\frac{5}{2}\frac{Vk_\mathrm{B}}{\lambda_\mathrm{T}^3}\zeta\left(\frac{5}{2}\right)
\tag{6.112}
$$

と求まる. T_c の表式 (6.96) を用いれば,

$$
C/N = \frac{15}{4}\frac{\zeta(5/2)}{\zeta(3/2)}\left(\frac{T}{T_\mathrm{c}}\right)^{3/2}k_\mathrm{B} = 1.925\left(\frac{T}{T_\mathrm{c}}\right)^{3/2}k_\mathrm{B}
\tag{6.113}
$$

と書ける.

$T>T_\mathrm{c}$ での比熱の計算は, μ の温度依存性についても微分しないといけないので, 面倒であるので, 結果のみを図 6.7 左に示す. T_c で折れ曲がっていることが特徴である. これは, 自由エネルギーの3回微分が T_c で不連続であることを示す. したがって, 秩序変数が連続転移を起こしていることと対応している (7 章参照). 現実の系, とくに, 液体 ^{4}He では, $T_\mathrm{c}=2.18$K 以下で超流動状態に転移する. そこでは, 比熱はギリシア文字の λ を左右反転させたような形で, しかも, $T=T_\mathrm{c}$ では $C\to\infty$ に発散しているように見える (ラムダ転移, 図 6.7 右). これは, 図 6.7 左とは明らかに異なる. その理由は, 液体 ^{4}He では He 原子同士に強い相互作用があり, 理想ボース気体とは見なせないためである (次節を参照).

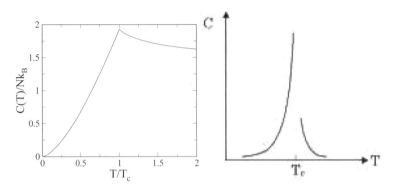

図 6.7: 左：理想ボース気体の比熱.$T = T_c$ で折れ曲がっている.右：液体ヘリウムの $T_c = 4.18$K 付近の比熱の定性的な図.ギリシア文字のラムダ (λ) を裏返した形をしている.

6.11 液体 ^{4}He の超流動

20 世紀のはじめ,オランダのライデン大学のオンネス[7]は,あらゆる気体を冷却して液体にすることに挑戦していた.最後までできなかったヘリウム (He) を液化することに成功したのは,1908 年のことであった.沸点が 4.2K のこの液体ヘリウムを用いて,初めて超伝導現象（電気抵抗が 0 になる）を水銀 (Hg) において発見したのは 1911 年のことであった.

ヘリウムにはボース粒子である ^{4}He と,フェルミ粒子である同位体の ^{3}He がある.後者もたいへんおもしろいのだが,ここでは前者のみを考える.液体の ^{4}He は,すでに述べたように,$T_c = 2.18$K で,比熱にラムダ転移が見られる.T_c 以下の温度では,粘性がなくなり（超流動）,細い管も抵抗なく通り抜ける.抵抗がないということでは,金属中の電子の超伝導と似ている.

問題は,この超流動現象が,ボース–アインシュタイン凝縮によるものかどうかであるが,式 (6.96) に,ヘリウムの質量 $m = 6.6 \times 10^{-27}$kg と密度 $N/V = 2.18 \times 10^{28}$m^{-3} を代入すると,$T_c = 3.13$K を得る.これは観測値と近い値である.よって,超流動転移がボース–アインシュタイン凝縮と関係していることは間違いなさそうだが,粘性がなくなること（[4] にわかりやすい説明がある）など,各種の性質の説明には,原子間の相互作用を考慮する必要があると考えられている（[13] などを参照のこと）.

---

[7]Heike Kamerlingh Onnes (1853–1926)

6.12 いろいろな原子気体のボース–アインシュタイン凝縮

　それでは，理想気体のボース–アインシュタイン凝縮が起こる系はないのだろうか．1995年，ルビジウム (Rb)，ナトリウム (Na)，リチウム (Li) の希薄原子気体において，つぎつぎと，ボース–アインシュタイン凝縮を起こすことができることが報告された[30]．とくに，Rb や Na などの比較的大きい原子でも，B.E. 凝縮が起こるというのは驚きであった．これらは，すでに1997年にノーベル物理学賞が与えられていた，「レーザー冷却」という方法を用いて，原子の集団の温度をマイクロケルビンの程度に下げることができるようになったことで実現された．温度を下げるということは，すべての原子の速度をなるべく小さくすることである．速度が大きい原子は，集団から外に向かって飛び出してくる．それを常に内側に戻るようにレーザー光を当ててやることによって，超低温の原子集団を実現したのである．さらに，原子同士の相互作用の強さも，磁場をかけることにより，自由に調節できるようになり，相互作用のほとんどない，「理想ボース気体」を作ることができるようになった．ただし，上記のレーザートラップに加えて，磁気トラップという方法で原子集団を閉じ込めるため，原子は自由粒子ではなく，調和型の閉じ込めポテンシャル中の原子として扱わなければならない．

　その原子集団が，B.E. 凝縮を起こしていることは，次のようにして確認された．B.E. 凝縮していれば，ほとんどの粒子が $k = 0$ の状態にあるので，速度も0だから，はじめ，小さく固まっていた原子の集団を重力かで落下させても，広がっていかない．逆に，B.E. 凝縮を起こしていなければ，$k \neq 0$ であるから，集団は広がっていく．ある温度以下でこの変化が生じることを観測したのである．これらの実験は，少なくともこの程度の重さの物体については，量子力学が正しく適用できることを示すものである[8]．

6.13 大正準集合による調和振動子の扱い

　前章5.6節において，調和振動子を正準集合によって扱った．ここでは，同じ問題を大正準集合によって考察する．1個の1次元調和振動子を例にとると，

---

　[8]ただし，何らかの長距離秩序（7章を参照）が生じる場合には，ボース–アインシュタイン凝縮によって記述することができる．

シュレーディンガー方程式の固有値は，式 (5.53)：

$$\varepsilon_n = \left(n + \frac{1}{2}\right)\hbar\omega, \quad n = 0, 1, 2, \cdots \tag{6.114}$$

で与えられる．黒体輻射における電磁波や，デバイ模型における固体中を伝わる波も，波数 $\boldsymbol{k}$ ごとに，同じ形：

$$\varepsilon_n(\boldsymbol{k}) = \left(n + \frac{1}{2}\right)\hbar\omega_{\boldsymbol{k}}, \quad n = 0, 1, 2, \cdots \tag{6.115}$$

に書ける[9]．これらにおいては，n は，励起状態の番号である．しかし，正準集合による計算から，n の平均値は，式 (5.60) で

$$\langle n \rangle = \frac{1}{e^{\beta\hbar\omega} - 1} \tag{6.116}$$

と計算されており，これはまさに，エネルギー $\hbar\omega$ をもつ粒子のボース分布関数である．黒体輻射やデバイ模型では，$\hbar\omega$ を $\hbar\omega_{\boldsymbol{k}}$ に変えればよい．

このことは，次のようなことを意味する．古典論との対応では，n が大きくなることは，励起状態になることであり，波動関数で見れば，振動の振幅が大きくなることである．一方，大正準集合の立場からは，$\hbar\omega_{\boldsymbol{k}}$ のエネルギーをもった「波の量子」の「数」n が増えることに対応していると考えることができる．**「強い光」とは，同じ波長の光子がたくさん存在している状態である．すなわち，光子や「波の量子」は，粒子として扱われ，「数」が多いことが，古典的な意味での振幅の強さに対応しているのである．**このような考え方は，粒子の生成・消滅を記述できる「場の量子論」の基礎となることからであることを注意しておこう．

ところで，電磁波（光子）や，固体中の「原子の振動の波の量子 (フォノン)」がボース粒子と等価ならば，ボース–アインシュタイン凝縮を起こさないのだろうか．その問いに対する答は，化学ポテンシャルの中にある．正準集合による計算から出てくる式 (6.116) は，ボース–アインスタイン分布で $\mu = 0$ としたものになっている．この理由は，光子や波動の量子は，その数に制限がないからである．古典論でいえば，振幅の大きさに制限がないのと同じである．したがって，粒子数が N になるように調節するための μ は必要がない．また，$\mu \le 0$ であるが，もし $\mu < 0$ だと，$T \to 0$ ですべての $n(\hbar\omega_{\boldsymbol{k}})$ が平等に 0 になってしまうが，物理的には，最低エネルギーの粒子だけが存在すべきであるから，$\mu = 0$

---

[9]ただし，光子は大きさ 1 のスピンをもつ．格子振動は縦波と二つの横波をもつ．

でなければならない．そして，粒子数を一定に保つ必要がないから，$k = 0$ の状態を特別に扱う必要がない．よって，ボース–アインシュタイン凝縮を起こす必要がない[10]．

6.14　量子理想気体の古典極限

量子統計の応用として，4.10 節，5.4 節で扱った理想気体を再度扱い，比較してみよう．なお，原子間の相互作用がまったくないと，熱平衡状態にならないから，弱い相互作用があって，熱平衡状態に達したとして，その状態を計算する．また，原子数は一定とし，正準集合を用いる．

N 個の原子からなる理想気体のハミルトニアンは，

$$\mathcal{H} = \sum_{i=1}^{N} \frac{\hat{\boldsymbol{p}}_i^2}{2m} \tag{6.117}$$

で与えられる．以下ではフェルミまたはボース統計に従う原子の集団を考える．分配関数は，

$$\begin{aligned}
&Z(T, V, N) \\
&= \sum_{\{\boldsymbol{k}_i\}} \frac{1}{N! \prod n_i!} \int \cdots \int \sum_P (\pm 1)^P \phi_{\boldsymbol{k}_1}(\boldsymbol{r}_{P1}) \cdots \phi_{\boldsymbol{k}_N}(\boldsymbol{r}_{PN}) \\
&\quad \times e^{-\beta(\hat{\boldsymbol{p}}_1^2 + \cdots + \hat{\boldsymbol{p}}_N^2)/2m} \sum_Q (\pm 1)^Q \phi_{\boldsymbol{k}_1}(\boldsymbol{r}_{Q1}) \cdots \phi_{\boldsymbol{k}_N}(\boldsymbol{r}_{QN}) \mathrm{d}\boldsymbol{r}_1 \cdots \mathrm{d}\boldsymbol{r}_N
\end{aligned}$$

$$\tag{6.118}$$

と書ける．$n_i!$ は $\boldsymbol{k}_i$ に粒子が n_i 個入っていることによる重複を除くための規格化因子であり，フェルミ粒子の時は不要である．P，Q は置換演算子である．

さて，まず，P が何であっても，Q であらゆる置換をしているので，$P = 1$（恒等置換）と選んで計算した場合と結果は同じである．そこで，$P = 1$ と選んで，その結果を $N!$ 倍すればよい．

次に，ボース粒子系では，重複のない波数の集合 $\{\boldsymbol{k}_i\}$ と，そこに詰まっている粒子の数 $\{n_i\}$ を決めれば，状態は完全に決まる．$n_1 \cdots n_N$ の重複についてまで和をとってはいけない．また，すべての $\boldsymbol{k}_1, \cdots, \boldsymbol{k}_N$ について独立に和をとっ

---

[10]ただし，何らかの長距離秩序（7 章を参照）が生じる場合は，ボース–アインシュタイン凝縮によって記述することができる．

てしまうと，並べ方の数だけ余計に数えすぎなので，

$$\sum_{k_1}\cdots\sum_{k_N} = \frac{N!}{\prod n_i!}\sum_{\{k_i\}} \tag{6.119}$$

という関係になる．すなわち，

$$
\begin{aligned}
Z(T,V,N) &= \frac{1}{V^N N!}\sum_{k_1}\cdots\sum_{k_N} e^{-\beta(\hat{\bm{p}}_1^2+\cdots+\hat{\bm{p}}_N^2)/2m} \\
&\quad \times \sum_Q (\pm1)^Q \int\cdots\int e^{-i[\bm{k}_1\cdot(\bm{r}_1-\bm{r}_{Q1})+\cdots+\bm{k}_N\cdot(\bm{r}_N-\bm{r}_{QN})]}\mathrm{d}\bm{r}_1\cdots\mathrm{d}\bm{r}_N \\
&= \frac{1}{V^N N!}\sum_Q (\pm1)^Q \prod_i \int \sum_{k_i} e^{-\beta\hbar^2 k_i^2/2m} e^{-i\bm{k}_i\cdot(\bm{r}_i-\bm{r}_{Qi})}\mathrm{d}\bm{r}_i
\end{aligned}
\tag{6.120}
$$

となる．さらに，

$$
\begin{aligned}
\frac{1}{V}\sum_{k} e^{-\beta\hbar^2 k^2/2m}e^{-i\bm{k}\cdot\bm{r}} &= \int \frac{\mathrm{d}\bm{k}}{(2\pi)^3}\exp\left[-\frac{\beta\hbar^2}{2m}\left(\bm{k}-\frac{im}{\beta\hbar^2}\bm{r}\right)^2 - \frac{m}{2\beta\hbar^2}\bm{r}^2\right] \\
&= \left(\frac{m}{2\pi\beta\hbar^2}\right)^{3/2} e^{-m\bm{r}^2/2\beta\hbar^2}
\end{aligned}
\tag{6.121}
$$

と計算されるので，

$$Z(T,V,N) = \frac{1}{N!}\left(\frac{m}{2\pi\beta\hbar^2}\right)^{3N/2}\sum_Q (\pm1)^Q \int \prod_i \mathrm{d}\bm{r}_i e^{-m(\bm{r}_i-\bm{r}_{Qi})^2/2\beta\hbar^2} \tag{6.122}$$

となる．ここで，熱波長 $\lambda_{\mathrm{T}} = (h/2\pi m k_{\mathrm{B}} T)^{1/2}$（式 (6.97)）を思い出すと，

$$e^{-m(\bm{r}_i-\bm{r}_{Qi})^2/2\beta\hbar^2} = e^{-\pi(\bm{r}_i-\bm{r}_{Qi})^2/\lambda_{\mathrm{T}}^2} \tag{6.123}$$

と書けるが，$\lambda_{\mathrm{T}}\to 0$ の極限（$h\to 0$ または $T\to\infty$）では，最後の積分で $Q=1$（恒等置換）の項のみが残るので，最終的に

$$Z(T,V,N) = \frac{V^N}{N! h^{3N}}\left(\frac{2\pi m}{\beta}\right)^{3N/2} = \frac{V^N}{N!}\frac{1}{\lambda_{\mathrm{T}}^{3N}} \tag{6.124}$$

と計算され，式 (5.44) におけるギブスの補正因子 $1/N!$ が自然に出てくる．

6.14. 量子理想気体の古典極限　　　　　　　　　　　　　　　　　　　　125

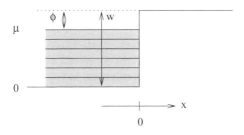

章末問題

1. 近年の超 LSI (集積回路) テクノロジーによれば，プリント基板上の配線の太さは 100nm を下回っている．
   (a) 配線の断面が 100nm×100nm の四角形のときの，断面内の 2 次元運動に関する最小励起エネルギー ΔE を求めよ．
   (b) この細線が，事実上，1 次元の電子系と見なすことができるための条件を求めよ．
   (c) この系の単位体積あたりの状態密度を求めよ．
2. 電子が平面内に閉じ込められて，面に垂直方向には動けないような 2 次元電子系 (半導体の界面などで実現されている) に対して，単位面積あたりの状態密度と電子比熱係数を求めよ．
3. $E_F(=\mu_0)$ の近傍で，状態密度 $D(\varepsilon)$ が増加関数なら，化学ポテンシャルは温度とともに減少し，状態密度が減少関数なら，$\mu(T)$ は増加することを示せ．
4. 状態密度が $D(\varepsilon) = A|\varepsilon - \mu|^\nu$ で与えられるとき，低温 ($k_B T \ll \mu$) の電子比熱は温度の何乗に比例するか．ただし，μ は温度によらず一定とする．
5. 熱した金属から放出される電子 (熱電子放射) による電流が，単位時間単位面積あたり，
$$I = \frac{4\pi me}{h^3}(k_B T)^2 e^{-\phi/k_B T}$$
で与えられることを示せ．ここで，m は電子の質量，V は金属の体積，ϕ は次ページの図のように金属から電子を取り出すのに必要な最低のエネルギーで，真空の準位から測ったフェルミ準位は $-\phi$ となる．$\phi \gg k_B T$ とする．ϕ を仕事関数という．この現象は，真空管の原理になっている．
6. 2 次元理想ボース気体は，ボース-アインシュタイン凝縮を起こさないことを示せ．

第7章 相互作用のある系と相転移の理論

　これまでの章では，原子，分子など物質の構成要素間に相互作用がない，「理想系」を例題として扱ってきた．しかし，現実の物質では，もちろん，要素間には相互作用がある．その結果，個々の要素のもつ性質とはまったく異なる，多粒子系特有の秩序状態が現れることがある．この章では，そのような，相互作用がある多粒子系における「**相転移**」を，もっとも簡単な「**磁性体**」の模型である「**イジング模型**」を用いて説明する．また，相転移の本質を簡単な数式で表現することのできる，「**ギンツブルグ–ランダウの理論**」を紹介する．

7.1 相転移

　温度，圧力，などの変数が一定のもとでの，物質の熱平衡状態を「**相**」という．「**相転移**」とは，温度や圧力などの変数を変えたときに，物質の状態が変わること，たとえば，水が水蒸気になったり，氷になったりすることである．「相転移」を明確に定義するには，何らかの指標が必要である．たとえば，気体から液体への，密度の不連続な変化や，気体や液体のように原子がばらばらで秩序をもたない状態から，結晶のように周期的な秩序をもつ状態への転移などである．後者では，「**並進対称性**」が新たに出現するので，「**対称性の変化を伴う相転移**」という．ちなみに，水は特殊で，H_2O 分子が丸くない形をしている．そのため，通常は，液体から固体になるときには体積が減少するが，水から氷になる場合には，体積が約 10% 増加する（そのために，氷は水に浮く）．このことは，他の物質にない水の特殊性である．H_2O 分子が自由に動ける水の方が分子が互いのすき間に入り込みやすく，固体の氷よりも体積が小さくなれるのである．

　通常は，$P = $ 一定の元で温度 T を変化させるときに相変化が起こる．そのときのギブスの自由エネルギーの概略を，図 7.1 に示した．温度 $T < T_c$ では液相状態のギブスの自由エネルギー G_ℓ が気相状態の G_g よりも低いので，液相状

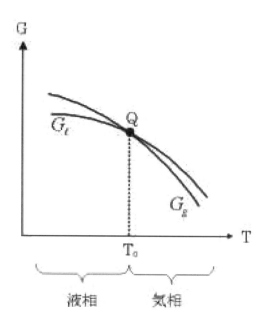

図 7.1: 1 次転移の場合の，液相 (G_ℓ) と気相 (G_g) のギブスの自由エネルギーの比較. 点 Q で両者が入れ換わっている.

態が実現される. $T > T_c$ ではそれらが逆転し，気相状態が安定となる．このとき，T_c の両側で，G の傾きが変わるので，エントロピー

$$S_\ell = -\frac{\partial G_\ell}{\partial T}, \quad S_g = -\frac{\partial G_g}{\partial T} \tag{7.1}$$

が不連続に変化する．したがって，

$$\Delta Q = T_c(S_g - S_\ell) = T_c \Delta S \neq 0 \tag{7.2}$$

の潜熱が発生することになる．このように，自由エネルギーの 1 回微分に不連続がある相転移を,「**1 次転移**」といい，1 回微分は連続だが，2 回以上の微分に不連続[1]があるものを「**2 次転移**」または「**連続転移**」という．2 次転移の場合，たとえば，定圧比熱

$$C_P = -T\frac{\partial^2 G}{\partial T^2} \tag{7.3}$$

---

[1] 正しくは,「特異性」.

には不連続が生じる．しかし，現実には，比熱は不連続となるよりは無限大に発散する場合も多い．

ある温度以下で金属の電気抵抗が 0 になる「**超伝導**」も，相転移のよく知られた例である．1986 年には，「**高温超伝導体**」が発見されて，「**室温超伝導体**」（室温で電流を流しても，ジュール熱による損失がない）への夢が開かれた．

また，釘などを引き付ける磁石も相転移を示す．磁石は古代エジプト時代から知られていて，ギリシャの「マグネシア」という産地の名前から，現在の英語名の「マグネット」という言葉が作られたともいわれている．磁石の代表は鉄（Fe）であるが，767°C 以上に加熱すると，釘を引き付けなくなる．これは，「**強磁性**」から「**常磁性**」への相転移である．

以下では，磁石を例にとって「相転移」について説明しよう．

7.2　磁性に関する相転移の模型

磁石は，ハードディスクなどの大容量のデータ記憶装置や，モーター，磁気浮上列車などに用いられ，現代社会にはなくてはならないものである．そこで用いられているのは，さまざまな化合物の磁石で，金属のものも絶縁体のものもある．しかし，元をたどれば，磁石が釘を引き付ける原因は，電子のもつミクロな磁気モーメントが，物質全体で同じ向きにそろうことである．そのときにできる磁場が，釘などを磁気分極させ，引き寄せる．

5.10 節で触れたように，磁気モーメントの原因には，原子のまわりを回る電子の軌道角運動量 L による軌道磁気モーメント M_L と，電子自身のもつスピン角運動量 S（以下，単に，「スピン」とよぶ）から来るスピン磁気モーメント M_S があるが，ここでは後者のみを扱うので，M_S を単に M と書く．これらはすべて，量子力学的演算子である．

のちの計算を簡単にするために，本書では，$\hat{S}$ を $\hbar$ で割ったものを，改めて $\hat{S}$ と表記する．このとき，$\hat{S}$ の各成分は，互いに非可換で，

$$[\hat{S}_x, \hat{S}_y] = i\hat{S}_z, \ [\hat{S}_y, \hat{S}_z] = i\hat{S}_x, \ [\hat{S}_z, \hat{S}_x] = i\hat{S}_y \tag{7.4}$$

の交換関係を満たす．$\hat{S}^2$ と $\hat{S}_z$ の固有値は，それぞれ，$S(S+1)$ と，$-S, -S+1, \cdots, S$ である．S をスピンの大きさという．電子では $S = 1/2$ なので，$\hat{S}^2$ の固有値は $S(S+1) = 3/4$，z 方向を量子化軸に取ると，$\hat{S}_z$ の固有値は $\pm 1/2$ となる．

M は $\hat{\boldsymbol{S}}$ により，$M = -g\mu_{\mathrm{B}}\hat{\boldsymbol{S}}$ で与えられる．$g = 2$ は電子の g 因子，$\mu_{\mathrm{B}} = e\hbar/2m$ はボーア磁子である．

ハイゼンベルク[2]は，1928 年の論文[31]で鉄の強磁性を論じ，767°C という高い温度まで強磁性が保持されることは，古典電磁気学に基づいた磁気双極子間相互作用では弱すぎて説明がつかないことを指摘した．代わりに，できたばかりの量子力学を用いて，隣り合う原子上の電子の波動関数の間の交換積分 J が強磁性の起源であるとした．すなわち，隣り合う原子の電子がもつスピン $\hat{\boldsymbol{S}}_1$，$\hat{\boldsymbol{S}}_2$ の間に，

$$\mathcal{H}_{12} = -2J_{12}\hat{\boldsymbol{S}}_1 \cdot \hat{\boldsymbol{S}}_2 \tag{7.5}$$

の形の交換相互作用が働くことを導いた．J は交換積分とよばれ，隣り合う原子の波動関数を $\phi_1(\boldsymbol{r})$，$\phi_2(\boldsymbol{r})$ とすると[3]，

$$J_{12} = \int \frac{\phi_1^*(\boldsymbol{r}_1)\phi_2^*(\boldsymbol{r}_2)\phi_1(\boldsymbol{r}_2)\phi_2(\boldsymbol{r}_1)}{|\boldsymbol{r}_1 - \boldsymbol{r}_2|}\mathrm{d}\boldsymbol{r}_1\mathrm{d}\boldsymbol{r}_2 \tag{7.6}$$

で与えられる．この定義を用いた場合に，式 (7.5) の J_{12} の前に因子 2 がつくことに注意してほしい．また，$J_{12} = J_{21}$ が成り立つ．

ここで，

$$(\hat{\boldsymbol{S}}_1 + \hat{\boldsymbol{S}}_2)^2 = \hat{\boldsymbol{S}}_1^2 + \hat{\boldsymbol{S}}_2^2 + 2\hat{\boldsymbol{S}}_1 \cdot \hat{\boldsymbol{S}}_2 \tag{7.7}$$

の関係を用い，$\hat{\boldsymbol{S}}_1^2 = \hat{\boldsymbol{S}}_2^2 = 3/4$，および，合成スピン $\hat{\boldsymbol{S}} = \hat{\boldsymbol{S}}_1 + \hat{\boldsymbol{S}}_2$ の大きさが，角運動量の合成則から $\mathcal{S} = 0$ または 1 であることより，左辺の値が $\mathcal{S}(\mathcal{S}+1) = 0$ または 2 となることを用いると，$2\hat{\boldsymbol{S}}_1 \cdot \hat{\boldsymbol{S}}_2 = -3/2, 1/2$ となる．このとき，ハミルトニアン $\mathcal{H}_{12}$ の固有値 E は，$3J/2$，$-J/2$ となる．固有関数は，$S_i^z = \pm 1/2$ の状態を $\uparrow_i, \downarrow_i$（$i = 1, 2$）と書くと，$E = 3J/2$ のとき，$(\uparrow_1\downarrow_2 - \downarrow_1\uparrow_2)/\sqrt{2}$，$E = -J/2$ のときは三つの状態 $\uparrow_1\uparrow_2$，$(\uparrow_1\downarrow_2 + \downarrow_1\uparrow_2)/\sqrt{2}$，$\downarrow_1\downarrow_2$ が 3 重縮退している．

さて，この理論を磁性体の結晶に応用すれば，ハミルトニアンは，

$$\mathcal{H} = -2\sum_{\langle i,j \rangle} J_{ij}\hat{\boldsymbol{S}}_i \cdot \hat{\boldsymbol{S}}_j \tag{7.8}$$

となると推測される．これを**ハイゼンベルク模型**という．i, j についての和は，

---

[2]Werner Karl Heisenberg (1901–1976)

[3]鉄の磁性を担うのは d 電子であるが，軌道角運動量の大きさ $\ell = 2$ であるので，5 重に縮退しているが，ここでは簡単のために無視している．

7.2. 磁性に関する相転移の模型

結晶中の磁性イオンのある格子点についてとる．すなわち，磁性イオンの数をNとすると，$i = 1 \sim N$，$j = 1 \sim N$である．ただし，$\langle i, j \rangle$は，iとjをそれぞれ独立に和をとるのではなく，i, jの対について和をとることを意味している．つまり，1,2と2,1は同じ対なので，合せて1回しか和をとらない．J_{ij}はi番目の原子とj番目の原子の電子間の交換積分である．実際には，鉄は金属であるから，電子が結晶中を動き回るので，この模型は使えない．この模型は，むしろ，絶縁体化合物の磁性体によく当てはまる．ただし，強磁性体はCrO_2，$CrBr_2$などわずかで，MnOなど多くの化合物は，酸素などを介した間接交換相互作用という機構により，$J_{ij} < 0$になり，隣同士の遷移金属イオンのスピンが互いに反対方向を向く「反強磁性体」となる[32]．

式 (7.8) は，スピン空間の回転に関して不変である．すなわち，ベクトルとしてのスピン演算子 $\hat{\boldsymbol{S}}_i$ の内積で表されているため，$\hat{S}_x$，$\hat{S}_y$，$\hat{S}_z$で表されるスピン座標軸を全体として回転してもハミルトニアンは変わらない．しかし，現実の物質では，磁気モーメントは，電子のスピン角運動量と軌道角運動量とでなっており，しかも，両者は互いに独立ではない場合がある．そのときは，ハイゼンベルク模型は，空間の異方性を反映して，スピン空間においても異方的になり，

$$\mathcal{H} = -2 \sum_{\langle i,j \rangle} (J_{ij}^x \hat{S}_i^x \hat{S}_j^x + J_{ij}^y \hat{S}_i^y \hat{S}_j^y + J_{ij}^z \hat{S}_i^z \hat{S}_j^z) \tag{7.9}$$

となる．これをXYZ模型という．また，何らかの理由で$\hat{S}^z$成分が凍結されている場合，

$$\mathcal{H} = -2 \sum_{\langle i,j \rangle} (J_{ij}^x \hat{S}_i^x \hat{S}_j^x + J_{ij}^y \hat{S}_i^y \hat{S}_j^y) \tag{7.10}$$

となる．これを XY **模型**という．

強磁性体の場合，スピンがすべてz方向に整列するので，$\hat{S}_z$のみを考えれば十分である[4]．そこで，ハミルトニアンを，次のように簡略化しよう．

$$\mathcal{H} = -2 \sum_{\langle i,j \rangle} J_{ij} \hat{S}_i^z \cdot \hat{S}_j^z - g\mu_B H \sum_{i=1}^{N} \hat{S}_i^z \tag{7.11}$$

第2項は一様な外部磁場と磁気モーメント $\boldsymbol{M}$ との相互作用エネルギーの項である．磁場 $\boldsymbol{H}$ 中に置かれた磁気モーメントのエネルギーが $-\boldsymbol{M} \cdot \boldsymbol{H}$ となる

---

[4]低温では，「スピン波」という，整列したスピンが少しずつ傾いて，それが波として伝わっていく現象が生じる．これは，低温における磁化や比熱の温度変化に影響を与える．これらは，S_y，S_zを考慮しないと記述できない．

ことを用いた. さらに, $\hat{S}_i^z$, $\hat{S}_j^z$ はすべて互いに可換なので, 古典量としての
イジング変数（イジング・スピンともいう）$\sigma_i = \pm 1$ を用いて $S_i^z = \sigma_i/2$ と表し,

$$\mathcal{H} = -\sum_{\langle i,j \rangle} J_{ij} \sigma_i \sigma_j - \mu H \sum_{i=1}^{N} \sigma_i \tag{7.12}$$

と書き直す. 先頭の因子2は J_{ij} に含めた. また, 記号を簡単にするため, $\mu = \mu_{\mathrm{B}}$
とした. なお, i 番目の原子の磁化の z 成分は $m_i^z = \mu\sigma_i$ で与えられる. これ
は磁性体における磁気秩序の発生について調べるもっとも簡単化された模型で
あり, **イジング模型**という. この模型は, おそらく, 統計力学において最もた
くさんの論文が書かれた模型ではないかと思う. この模型の発案者のイジング
博士[5]は1900年にドイツに生まれ, 1924年の博士論文[33]でこの模型を考案し
て研究し, 1次元では相転移が起こらないことを示した. 1998年に米国で亡く
なった. 2000年には, イジング博士の生誕100年祭が催された.

7.3 1次元イジング模型

この節では, N 個のイジング・スピン σ_i（$i = 1, \cdots, N$）が直線状に連なっ
た系を考える. 交換相互作用は, 再隣接スピン間にのみ働くものとし, $J_{ij} = J$
とおく. この系は, 簡単に正確な答が計算できるので, 相転移の問題の手始め
に取り組むにはちょうど適している. 直線のままでもよいが, 有限の長さだと
端のスピンだけが相互作用する相手が片方にしかおらず, 他のスピンと異なっ
てしまうので, $N+1$ 番目のスピンは1番目のスピンと同じである, という周
期的境界条件をおこう. すなわち, $\sigma_{N+1} \equiv \sigma_1$ と見なす. これは, N 個のスピ
ンを輪のようにつなげたのと同じことである. ハミルトニアンは,

$$\mathcal{H} = -J \sum_{i=1}^{N} \sigma_i \sigma_{i+1} - \mu H \sum_{i=1}^{N} \sigma_i \tag{7.13}$$

と書ける.

$H = 0$ のときは, 分配関数は, 簡単に求まる（章末問題参照）. 公式

$$e^{\beta J \sigma_i \sigma_j} = \cosh(\beta J) + \sigma_i \sigma_j \sinh(\beta J) \tag{7.14}$$

---

[5]Ernest Ising (1900–1998)

7.3. 1次元イジング模型

が成り立つことに注意すると，分配関数は，

$$Z_N = \sum_{\sigma_1} \cdots \sum_{\sigma_N} \prod_{i=1}^{N} [\cosh(\beta J) + \sigma_i \sigma_j \sinh(\beta J)] \tag{7.15}$$

と書けるが，積を展開して $\sigma_1, \cdots, \sigma_N$ についての和をとると，同じ σ_i が2度ずつ出てくる項しか残らないので，

$$Z_N = [2\cosh(\beta J)]^N + [2\sinh(\beta J)]^N \tag{7.16}$$

の項のみが残る．$\cosh(\beta J) > \sinh(\beta J)$ なので，$N \to \infty$ の極限では，第1項のみが残り，

$$Z_N = [2\cosh(\beta J)]^N \tag{7.17}$$

と求まる．これは，5.5節の2準位系の分配関数 $Z = (1 + e^{-\Delta/k_B T})^N = e^{-N\Delta/2k_B T}[2\cosh(\Delta/2k_B T)]^N$ とほぼ同じである．実際，各スピンのエネルギーは $\pm J$ であるから，準位間隔が $2J$ の2準位系と等価になる．したがって，エネルギーと比熱は，

$$E = -NJ\tanh(\beta J) \tag{7.18}$$

$$C = Nk_B \left(\frac{J}{k_B T}\right)^2 \frac{1}{\cosh^2\left(\frac{J}{k_B T}\right)} \tag{7.19}$$

となる．当然のことながら，図に描けば，（正準集合の結果は小正準集合の結果と同じなので）4.11節の図4.3と同じになる．

一般に，温度が高ければ，それぞれのスピンは熱運動によりばらばらの方向を向き，平均の磁化 $M = \mu \sum_i \langle \sigma_i \rangle = 0$ となる（**常磁性**）．しかし，$J > 0$ であれば，隣同士のスピンは同じ向きを向いた方が反対方向を向いたときよりエネルギーが低い．そこで，この1次元イジング模型は，低温では N 個のスピンが同じ方向を向いた「**強磁性**」状態を示すことが期待される．ところが，式(7.19) からもわかる通り，**比熱 $C(T)$ は全温度領域で滑らかな関数であり，温度を下げていく途中で特別な変化（相転移）が起きている兆候はない**．

次に，**磁気的な性質**を調べてみよう．そのために，磁場をかけて，帯磁率を計算する．磁場があるときは，上の方法では解けない．まず分配関数を書いてみると，

$$Z_N = \sum_{\sigma_1 = \pm 1} \cdots \sum_{\sigma_N = \pm 1} \exp\left[\beta J \sum_{i=1}^{N} \sigma_i \sigma_{i+1} + \beta \mu H \sum_{i=1}^{N} \sigma_i\right] \tag{7.20}$$

134　　第 7 章　相互作用のある系と相転移の理論

となるが，指数関数の中の第 2 項を書き換えて，

$$Z_N = \sum_{\sigma_1 = \pm 1} \cdots \sum_{\sigma_N = \pm 1} \exp\left[\beta J \sum_{i=1}^{N} \sigma_i \sigma_{i+1} + \frac{\beta \mu H}{2} \sum_{i=1}^{N} (\sigma_i + \sigma_{i+1})\right] \tag{7.21}$$

とすると，σ_i と σ_{i+1} が対称に入った形となる．ここで，

$$A(\sigma_i, \sigma_{i+1}) \equiv \exp\left[\beta J \sum_{i=1}^{N} \sigma_i \sigma_{i+1} + \frac{\beta \mu H}{2} \sum_{i=1}^{N} (\sigma_i + \sigma_{i+1})\right] \tag{7.22}$$

を 2 × 2 の行列と見ると，分配関数は，$\sigma_{N+1} = \sigma_1$ を思い出して，

$$Z_N = \sum_{\sigma_1 = \pm 1} \cdots \sum_{\sigma_N = \pm 1} A(\sigma_1, \sigma_2) A(\sigma_2, \sigma_3) \cdots A(\sigma_N, \sigma_1) \tag{7.23}$$

と書ける．これは，A という行列を N 個かけて，最後に対角和をとることと同等である．すなわち，

$$Z_N = \mathrm{Tr}(A^N) \tag{7.24}$$

となる．行列 A は，

$$A = \begin{pmatrix} e^{\beta J + \beta \mu H} & e^{-\beta J} \\ e^{-\beta J} & e^{\beta J - \beta \mu H} \end{pmatrix} \tag{7.25}$$

と表される．これを転送行列法という．

$\mathrm{Tr}(A^N)$ は，A をあらかじめ対角化してから計算しても値が変わらないので，A の固有値を a_1, a_2 とすると，

$$Z_N = a_1^N + a_2^N \tag{7.26}$$

となるが，$N \to \infty$ の極限では，$|a_1| > |a_2|$ とすると，$|a_1|^N \gg |a_2|^N$ となるので，

$$Z_N \longrightarrow a_1^N \tag{7.27}$$

となる．

行列 A の固有値は，

$$a_1, \ a_2 = e^{\beta J} \cosh(\beta \mu H) \pm \sqrt{\left(e^{\beta J} \cosh(\beta \mu H)\right)^2 - 2 \sinh(2\beta J)} \tag{7.28}$$

7.3. 1次元イジング模型

と求まる（章末問題）．複号が $+$ の方が a_1 である．よって，$Z_N = Z_1^N$ とおくと，

$$Z_1 \longrightarrow e^{\beta J}\cosh(\beta\mu H) + \sqrt{\left(e^{\beta J}\cosh(\beta\mu H)\right)^2 - 2\sinh(2\beta J)} \qquad (7.29)$$

となる．ここで $H = 0$ とおけば，もちろん，Z_N は式 (7.17) に戻る．

帯磁率 $\chi(T)$ は，磁化 $M = N\mu\langle\sigma\rangle$ より，

$$\chi(T) = \lim_{H\to 0}\frac{\partial M}{\partial H} = \lim_{H\to 0} N\mu\frac{\partial\langle\sigma\rangle}{\partial H} \qquad (7.30)$$

を計算すればよい．また，$\langle\sigma\rangle$ は，

$$\langle\sigma\rangle = \lim_{H\to 0}\frac{\partial\log Z_1}{\partial(\beta\mu H)} \qquad (7.31)$$

により求めることができる．これらの微分を忠実に行ってもよいが，Z_1 を H について 2 次までテイラー展開した方が簡単である．結果は（章末問題），

$$Z_1 \simeq 2\cosh(\beta J)\left[1 + \frac{1}{2}\beta^2(\mu H)^2 e^{2\beta J}\right] \qquad (7.32)$$

となる．これより，

$$\langle\sigma\rangle \simeq \beta\mu H e^{2\beta J} \qquad (7.33)$$

$$\chi = N\mu^2\beta e^{2\beta J} = \frac{N\mu^2}{k_{\mathrm B}T}e^{2J/k_{\mathrm B}T} \qquad (7.34)$$

と求まる．

帯磁率の温度変化を図 7.2 に示す．低温においては，$J > 0$ と $J < 0$ でまったく異なることに注意してほしい．$J > 0$ のときは，$T \to 0$ で，すべてのスピンが同じ方向を向いた**強磁性**状態となり，$\chi \to \infty$ となるが，$J < 0$ のときは，$T \to 0$ で $\chi \to 0$ となる．後者は，隣同士のスピンが反対に向こうとするので，全体として磁気モーメントが打ち消し合ってゼロになるためである（**反強磁性**）．ただし，**どちらの場合も，$T > 0$ では長距離秩序**[6]**は生じない**．これは 1 次元系について一般にいえることであるが，$J > 0$ の場合を例にとって簡単な説明を試みよう．

---

[6]文字通り，スピンの向きなど，何らかの量が，長距離にわたって秩序をもつこと．次節で詳しく述べる．

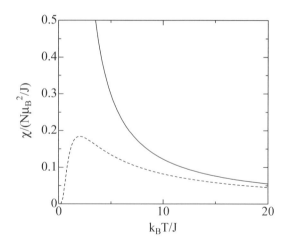

図 7.2: 1次元イジング模型の帯磁率．実線は $J > 0$，破線は $J < 0$ の場合．

N 個のスピンが輪になってつながっているとする（周期的境界条件）．N 個すべてが上を向いている強磁性状態 ↑↑↑↑↑↑↑↑ ⋯ のエネルギーは，$E = -NJ$ である．あるスピンを下向きに反転させたとすると（↑↑↑↑↓↑↑↑ ⋯），エネルギーの増加分は $4J$ である：$\Delta E = 4J$．一方，このときのエントロピーの増加分 ΔS は，反転させることのできるスピンの場所の数が N なので，$\Delta S = k_B \log N$ である．よって，ヘルムホルツの自由エネルギーの増加分は

$$\Delta F = \Delta E - T\Delta S = 4J - k_B T \log N \tag{7.35}$$

となるが，$T > 0$ である限り，N を大きくすれば第2項が必ず第1項を凌駕して，$\Delta F < 0$ となる．さらに，↑↑↑↑↓↓↑↑ ⋯ としても $\Delta E = 4J$ は変わらないので，スピンが下向きの領域はいくらでも広がることができる．また，スピンが反平行になる2ヶ所の位置の場合の数は $N(N-1)$ である．すなわち，すべてのスピンが同じ方向にそろっている状態（長距離秩序の状態）よりも，途中のスピンが反転して長距離秩序が壊れた状態の方が，熱力学的に安定である．

では，$T = 0$ ではエントロピー効果がないので，すべてのスピンがそろった状態が安定だろうか．それを知るために，エントロピーを正確に計算してみよう．周期的境界条件を用いたときの Z_N の解で，a_1 だけでなく a_2 も残すと，$h = 0$ のとき，

$$Z_N = (e^{\beta J} + e^{-\beta J})^N + (e^{\beta J} - e^{-\beta J})^N \xrightarrow{T \to 0} 2e^{N\beta J} \tag{7.36}$$

7.3. 1次元イジング模型 137

となる．自由エネルギーは，

$$F = -k_B T \log Z_N = -NJ - k_B T \log 2 \tag{7.37}$$

となる．よって，エントロピーは，

$$S = -\frac{\partial F}{\partial T} = k_B \log 2 \tag{7.38}$$

となる．このエントロピーの値は，絶対零度まで成り立つから，スピンがすべて上を向いた状態と，すべて下を向いた状態が縮退していることを示している．実際，$H \neq 0$ のときの解を用いて，$Z_N = a_1^N + a_2^N$ を，$\beta \mu H \ll 1$ としてテイラー展開してから帯磁率を計算すると，

$$\chi \xrightarrow{T \to 0} \frac{(N\mu)^2}{k_B T} \tag{7.39}$$

となり，大きさが $M = N\mu$ の巨大な磁気モーメントが，上を向いたり下を向いたりしているときの帯磁率となる（章末問題）．しかし，これは現実的ではない．

N が非常に大きく，すべてのスピンが一方向にそろってしまったとき，$N \to \infty$ の極限を考えると，スピン全体を反対向きに向け直すには，まず1個のスピンを反転させ，次に，下向きスピンの領域をだんだん広げていかなければならない（$\cdots \uparrow\uparrow\uparrow\uparrow\uparrow\downarrow\downarrow\downarrow\uparrow\uparrow\uparrow\uparrow \cdots$）．これには，エネルギー $4J$ が必要であるから，イジング模型の場合，$T = 0$ でこれを行うことはできない．よって，系は，すべてのスピンが上を向いているか，下を向いているかのどちらかの状態となる．これを「**自発的対称性の破れ**」というが，のちの節で再び議論する．

ついでながら，$J < 0$ のときは，N が偶数か奇数かで区別して計算しなければならないが，いずれにしても，やはり $S = k_B \log 2$ となる（章末問題）．これも，$\uparrow\downarrow\uparrow\downarrow \cdots$ と $\downarrow\uparrow\downarrow\uparrow \cdots$ とが縮退しているためであるが，現実にはどちらかの状態だけが実現される．

この節の方法は，1次元イジング模型にしか適用できない．しかも，1次元では，有限温度では相転移は存在せず，絶対零度においてのみ長距離秩序が存在した．2次元正方格子におけるイジング模型は，はじめオンサガー[7][34]によって，1944年に高度な数学的手法を用いて厳密解が得られた．その結果，スピンの数 $N \to \infty$ の極限で，$T = T_c = 2J/k_B \log(\cot(\pi/8)) = 2J/k_B \log(1 + \sqrt{2}) = 2.269J/k_B$ で強磁性状態への相転移が起こり，T_c 以下では長距離秩序が存在することが示

---

[7]Lars Onsager (1903–1976)

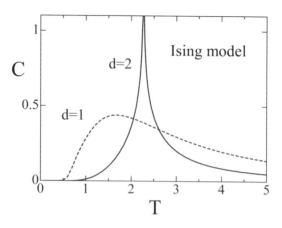

図 7.3: 2 次元イジング模型の厳密解による比熱 C. $T = T_c = 2.269 J/k_B$ で対数的に発散している．比較のために，1 次元イジング模型の比熱を破線で示した．

された．これは，長距離秩序の存在を数学的に厳密に示した初めての例である．その後，1964 年にリープら[35]により，見通しのよい解法が得られたが，難解であることに変わりはない．3 次元では，数多くの研究者が挑戦してきたと想像されるが，いまだ厳密な解法は発見されていない．「それでも 3 次元イジング模型も必ず厳密に解ける」と信じてやまない人たちを,「イジング病患者」とよぶことがある．その一つの理由は，(推測するに) 1 次元と 2 次元のイジング模型の自由エネルギー F_1, F_2 が，定数を別として，

$$\begin{aligned} F_1/k_B T &= -\frac{1}{2}\frac{1}{2\pi}\int_0^{2\pi} d\omega \log[\cosh 2K - \sinh 2K \cos\omega] \quad (7.40) \\ F_2/k_B T &= -\frac{1}{2}\frac{1}{(2\pi)^2}\int_0^{2\pi} d\omega_1 \int_0^{2\pi} d\omega_2 \\ &\quad \times \log[\cosh^2 2K - \sinh 2K(\cos\omega_1 + \cos\omega_2)] \quad (7.41) \end{aligned}$$

と，互いによく似た形に書けることにある[8]．$K = J/k_B T$ である．これを見れば，誰しも，3 次元の厳密解は

$$\begin{aligned} F_3/k_B T &= -\frac{1}{2}\frac{1}{(2\pi)^3}\int_0^{2\pi} d\omega_1 \int_0^{2\pi} d\omega_2 \int_0^{2\pi} d\omega_3 \log[\cosh^3 2K \\ &\quad - \sinh 2K(\cos\omega_1 + \cos\omega_2 + \cos\omega_3)] \quad (7.42) \end{aligned}$$

となりそうな気がするが，残念ながら，この関数には，何の特異性もなく，相転移は示さない．

---

[8] F_1 の表式が成り立つことは，読者自ら確かめよ．

7.4. 強磁性イジング模型に対する平均場近似 139

　相転移が起きるときには，自由エネルギーに特異点が生じなければならない（2回微分が不連続，など）．ヘルムホルツの自由エネルギーの場合，それは，分配関数に特異性が生じることを意味する．ところが，分配関数

$$Z = \sum_n e^{-E_n/k_\mathrm{B} T} \tag{7.43}$$

は，和の一つ一つの項は，$T = 0$を除いて，温度の滑らかな関数である．したがって，$T > 0$でZに特異性が生じるということは，粒子数$N \to \infty$，体積$V \to \infty$など，何らかの無限大の極限をとる操作によって生じると考えられる．しかし，最近は電子計算機が発達しているので，有限だがある程度の大きさの系について計算すれば，完全な特異性でなくとも，その片鱗はとらえることができる．また，いくつかの大きさの異なる系について計算し，その結果を外挿することによって，無限大の系の性質を推定することが行われている．
　しかし，はじめに記したとおり，イジング模型そのものが，スピン演算子のz成分のみを残した人工的な（または，近似的な）模型であり，現実の物質の磁性を正確に表現するものではない[9]．3次元イジング模型を厳密に解くことを夢見るよりも，現実の多種多様な磁性体を表現する模型を考案して，妥当な近似解を得る方が有用であろう．

7.4　強磁性イジング模型に対する平均場近似

7.4.1　平均場近似の導出

　スピン系の相転移に関しては，少なくとも3次元の系に対しては，「**平均場近似**」または「**分子場近似**」とよばれる方法が有用であることが知られている．簡単な例として，再び**イジング模型**

$$\mathcal{H} = - \sum_{\langle i,j \rangle} J_{ij} \sigma_i \sigma_j - \mu H \sum_i \sigma_i \tag{7.44}$$

を用いて考える．ここで，交換相互作用J_{ij}は，最隣接のサイト間にのみ働き，その値はJで，一定であるとする．平均場近似の導出の仕方はいくつかあるが，最も直感的なやり方は，ある格子点i（図7.4の黒丸）を中心にして，z個の最隣接格子点（図7.4の灰色の丸）との間に相互作用が働いているが，そのz個の

---
[9]スピンのz成分同士の相互作用が他の成分の相互作用よりかなり大きい，「イジング的な」物質は存在する．

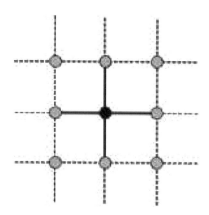

図 7.4: イジング模型に対する平均場近似. ある格子点 i (黒丸) を中心として, それ以外の格子点のイジング・スピンはすべて平均値 $\langle\sigma\rangle$ でおき換えてしまう (灰色の丸). σ_i は z 個 (この場合は $z=4$) の最隣接格子点からの相互作用 (黒い太線) を有効場として感じる.

イジング・スピンの値を平均値でおき換えてしまう, というものである. すなわち, σ_i を中心にして, そのまわりの σ_j を平均値 $\langle\sigma_j\rangle$ におき換え,

$$
\begin{aligned}
\mathcal{H}_{\mathrm{MF}} &= -\sum_i \left(\sum_j J_{ij}\langle\sigma_j\rangle\right)\sigma_i - \mu H \sum_i \sigma_i \\
&= -\mu(H_{\mathrm{MF}} + H)\sum_i \sigma_i
\end{aligned}
\tag{7.45}
$$

とするものである. ここで, まわりからの「**平均場**」または「**分子場**」H_{MF} は

$$
H_{\mathrm{MF}} = \sum_j J_{ij}\langle\sigma_j\rangle/\mu = zJ\langle\sigma\rangle/\mu \tag{7.46}
$$

で与えられる. 最後の等式は, J_{ij} が z 個の最隣接格子点との間でのみ働くことを用いた. また, 一様な強磁性秩序が発生することを前提にして, $\langle\sigma_j\rangle$ は j によらずすべて $\langle\sigma\rangle$ に等しいとした. この近似の意味は, σ_i がまわりの平均化されたスピンから受ける交換エネルギーが, 平均場とよばれる磁場 H_{MF} と見なせる, ということである.

この近似を用いる限り, $\mathcal{H}_{\mathrm{MF}}$ は, 外部磁場と平均場の和

$$
H_{\mathrm{eff}} = H + zJ\langle\sigma\rangle/\mu \tag{7.47}
$$

7.4. 強磁性イジング模型に対する平均場近似

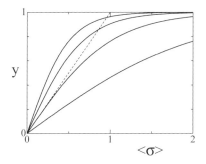

図 7.5: $h = 0$ のときのイジング模型の平均場近似による方程式の解法. 実線は $y = \tanh(\beta zJ\langle\sigma\rangle)$（上から, $\beta zJ = 2, 1.5, 1.0, 0.5$ の場合）, 点線は $y = \langle\sigma\rangle$ を表す. $\beta zJ > 1$ で $\langle\sigma\rangle \neq 0$ の解が生じる.

のもとでの孤立スピンの集合体のハミルトニアン

$$\mathcal{H}_{\mathrm{MF}} = -\mu H_{\mathrm{eff}} \sum_i \sigma_i \tag{7.48}$$

を表す. このハミルトニアンを用いて $\langle\sigma_i\rangle$ を計算するが, これは i には依存しないので $\langle\sigma\rangle$ に等しい. 5.10 節のスピン常磁性の計算と同じく, 正準集合を用いて簡単に計算できて,

$$\langle\sigma\rangle = \tanh(\beta\mu H_{\mathrm{eff}}) = \tanh[\beta(zJ\langle\sigma\rangle + \mu H)] \tag{7.49}$$

となる. この式は両辺に $\langle\sigma\rangle$ を含むので, $\langle\sigma\rangle$ を決める方程式になっている. ここで, いつも通り, $\beta = 1/k_{\mathrm{B}}T$ である.

まず, $H = 0$ の場合

$$\langle\sigma\rangle = \tanh[\beta zJ\langle\sigma\rangle] \tag{7.50}$$

の解を調べよう. この解は, $\langle\sigma\rangle$ を横軸として, 二つのグラフ $y = \langle\sigma\rangle$ と $y = \tanh[\beta zJ\langle\sigma\rangle]$ の交点で与えられる. 図 7.5, および, $\tanh x \simeq x - (1/3)x^3 \cdots$ より, $\beta zJ = zJ/k_{\mathrm{B}}T < 1$ では, $\langle\sigma\rangle = 0$ のみが解となっている. これは磁気モーメントのない解（常磁性）である. 一方, $\beta zJ = zJ/k_{\mathrm{B}}T > 1$ で, $\langle\sigma\rangle \neq 0$ の解が出現することがわかる. この境界となる温度を $T_{\mathrm{c}} = zJ/k_{\mathrm{B}}$ とおき, **臨界温度**とよぶ. すると, 平均場の方程式 (7.50) は,

$$\langle\sigma\rangle = \tanh\left(\frac{T_{\mathrm{c}}}{T}\langle\sigma\rangle\right) \tag{7.51}$$

と書ける．図7.5から，$T \lesssim T_c$ では $\langle \sigma \rangle \ll 1$ と予想されるので，右辺を3次までテイラー展開すると，

$$\langle \sigma \rangle \simeq \frac{T_c}{T}\langle \sigma \rangle - \frac{1}{3}\left(\frac{T_c}{T}\langle \sigma \rangle\right)^3 + \cdots \tag{7.52}$$

となる．これより，

$$\langle \sigma \rangle \simeq \pm\left(\frac{T}{T_c}\right)^{3/2}\sqrt{3\frac{T_c - T}{T}} \simeq \pm\sqrt{3\frac{T_c - T}{T_c}} \tag{7.53}$$

となる．

　全温度領域での振る舞いは数値計算で求める．その結果を図7.6に示してある．$\langle \sigma \rangle \geq 0$ の解と，$\langle \sigma \rangle \leq 0$ の解と二つの解があり，$\langle \sigma \rangle$ の符号が異なるだけで，まったく対称である．もともとのハミルトニアンは，磁場がないとき，すべての σ_i を $-\sigma_i$ に入れ替えても変わらないという性質をもっていた．ここで得た二つの解も，まったく同じで符号だけが異なる．どちらの解もまったく平等なのだが，たまたまどちらかの状態が実現されると，とくに低温では，全格子点の数 N が非常に大きい場合，それを逆向きの状態にひっくり返すには大きなエネルギーが必要で，事実上起こらない．これは1次元のイジング模型との大きな違いである．3次元の場合，すべてのスピンが上向きにそろっている状態から，どれか一つのスピンを下向きに変えると，エネルギーが $2zJ$ だけ増加する．1次元のときとの違いは，どれか一つのスピンの向きを反転させただけでは，長距離秩序は壊れない，ということである．長距離秩序を壊すには，囲碁のように，白石（上向きスピン）の並んだ中で，黒石（下向きスピン）の陣地を，碁盤の端から端まで貫通させてとらなければならないが，陣地の境界線（3次元では，面）は $O(N^{2/3})$ の程度であり，大きなエネルギーが必要になる．

　ハミルトニアンが，ある変換操作に関して不変であるにもかかわらず，解がその不変性を破っているとき，それを「**自発的対称性の破れ**」という．これは，素粒子論でよく用いられるようになった言葉であるが，もとはといえば，超伝導への相転移の理論から発想して作られた概念である．磁場がないときのイジング模型のように，ハミルトニアンはスピンの向きの反転に関して不変であるのに，実現される状態は，スピンが上向きか下向きかのどちらかになってしまうのは，まさに，「自発的対称性の破れ」の例である．

　ハイゼンベルク模型のように，スピン空間の連続的な回転で不変であるときに，実際の解が，特定の方向に向いてしまっている（回転不変性が自発的に破れている）ときには，長波長でエネルギーがゼロの励起が存在しなければな

7.4. 強磁性イジング模型に対する平均場近似

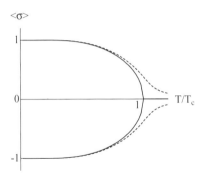

図 7.6: イジング模型の平均場近似による解 (実線). 破線は, 磁場があるときの解で, 滑らかな曲線であり, 相転移はない.

いことが知られている[10]. そのために, 低温での磁化の温度変化は平均場近似のそれとは異なってくる.

なお, 平均場の式 (7.49) で磁場 H を有限として解を求めると, 全温度領域にわたって, 磁場の向きに有限な磁化が発生し, 相転移は生じない (図7.6破線).

7.4.2 帯磁率

帯磁率 χ は,

$$\chi = \lim_{H \to 0} \frac{\partial M}{\partial H} \tag{7.54}$$

で計算される. $M = N\mu\langle\sigma\rangle$ である. 磁場も含んだ平均場近似の方程式 (7.49) を少し変形した,

$$\langle\sigma\rangle = \tanh\left(\frac{T_c}{T}\langle\sigma\rangle + \beta\mu H\right) \tag{7.55}$$

によって $\langle\sigma\rangle$ を計算すればよい.

$T > T_c$ では, $H \sim 0$ なら, $\langle\sigma\rangle \sim 0$ である. よって, 右辺の中身は微小量であるので, 1次までテイラー展開をして,

$$\langle\sigma\rangle \simeq \frac{T_c}{T}\langle\sigma\rangle + \beta\mu H \tag{7.56}$$

---
[10] 「ゴールドストーン・モード」という.

とする. $\langle \sigma \rangle$ について解けば,

$$\langle \sigma \rangle = \frac{\beta \mu H}{1 - \dfrac{T_c}{T}} = \frac{\mu H / k_B}{T - T_c} \tag{7.57}$$

となる. ゆえに, 帯磁率は,

$$\chi = \frac{N \mu^2}{k_B} \frac{1}{T - T_c} \tag{7.58}$$

となる (キュリー–ワイス[11]の法則). すなわち, 帯磁率は, 温度を下げていくと, $T \to T_c$ で発散する. $M = \chi H$ であるから, $\chi \to \infty$ ということは, $H \to 0$ でも $M \neq 0$ になり得るということである. すなわち, $\chi \to \infty$ は自発磁化 (磁場がなくとも存在する磁化) の発生を示唆する.

次に, $T < T_c$ の場合を考える. このときは, $H = 0$ でも $\langle \sigma \rangle$ が有限であるので, 注意する必要がある. さらに, $\langle \sigma \rangle$ は, 磁場の関数でもあることに注意する.

平均場近似の方程式 (7.49) から帯磁率 $\chi = N \mu \partial \langle \sigma \rangle / \partial H$ を計算するのだが, 左辺と右辺をともに H で微分すると,

$$\chi = N \mu \frac{\partial \langle \sigma \rangle}{\partial H} = N \mu \, \mathrm{sech}^2 \left(\frac{T_c}{T} \langle \sigma \rangle + \beta \mu H \right) \times \left(\beta \mu + \frac{T_c}{T} \frac{\partial \langle \sigma \rangle}{\partial H} \right) \tag{7.59}$$

となる. 一番右に, χ に比例する量 $\partial \langle \sigma \rangle / \partial H$ が現れているので, $N \mu$ をかけて左辺の χ といっしょにし, χ について解いて $H = 0$ とおくと,

$$\chi = \frac{N \beta \mu^2 \, \mathrm{sech}^2 \left(\dfrac{T_c}{T} \langle \sigma \rangle \right)}{1 - \dfrac{T_c}{T} \, \mathrm{sech}^2 \left(\dfrac{T_c}{T} \langle \sigma \rangle \right)} \tag{7.60}$$

すなわち,

$$\chi = \frac{N \mu^2}{k_B} \frac{1}{T \cosh^2 \left(\dfrac{T_c}{T} \langle \sigma \rangle \right) - T_c} \tag{7.61}$$

を得る. ここで, $\langle \sigma \rangle$ は, $H = 0$ のときの $\langle \sigma \rangle$ の解である.

$T \lesssim T_c$ では $\langle \sigma \rangle \simeq \sqrt{3(T_c - T)/T_c}$ なので, 上の式は, もう少し簡単にするこ

---

[11]Pierre Ernest Weiss (1865–1940)

7.4. 強磁性イジング模型に対する平均場近似

とができる.

$$\cosh^2\left(\frac{T_c}{T}\langle\sigma\rangle\right) \simeq \left(1 + \frac{1}{2}\left(\frac{T_c}{T}\right)^2\langle\sigma\rangle^2\right)^2 \simeq 1 + 3\frac{T_c - T}{T_c} \tag{7.62}$$

となるので, χ に代入すると,

$$\chi \simeq \frac{N\mu^2}{2k_B}\frac{1}{T_c - T} \tag{7.63}$$

となる. $T > T_c$ とよく似た形であるが, 分母に2があることに注意したい.

次に, 低温の極限における帯磁率を求めよう. $T \to 0$ ではすべてのスピンがそろって, $\langle\sigma\rangle \to \pm1$ となることが予想される. それは, 図7.5からもわかる. したがって, 磁場をかけてもスピンの平均値は1以上に大きくならないから, $\chi \to 0$ となるはずである. そこで, 平均場の方程式の右辺の $\langle\sigma\rangle$ を1としてしまってから, 磁場について1次までテイラー展開すると,

$$\langle\sigma\rangle \simeq \tanh\left(\frac{T_c}{T}\right) + \mathrm{sech}^2\left(\frac{T_c}{T}\right)\beta\mu H \tag{7.64}$$

となる. 第1項は, 磁場で微分すると0となる. よって, 帯磁率は,

$$\chi \to \frac{N\mu^2}{k_B T \ \cosh^2(T_c/T)} \tag{7.65}$$

となる. すなわち, 低温極限での帯磁率は, 急激に減少する関数で,

$$\chi \to \frac{4N\mu^2}{k_B T}e^{-2T_c/T} \tag{7.66}$$

となる.

図7.7に, 式(7.61)を用いて計算した, 全温度領域での帯磁率を示す.

最後に, $T = T_c$ で磁場をかけたときの磁化を計算しておこう. 平均場近似の方程式(7.55)において $T = T_c$ とおけば,

$$\langle\sigma\rangle = \tanh\left(\langle\sigma\rangle + \frac{\mu H}{k_B T_c}\right) \tag{7.67}$$

となる. 右辺の中身は微小量なので, テイラー展開すれば,

$$\langle\sigma\rangle \simeq \langle\sigma\rangle + \frac{\mu H}{k_B T_c} - \frac{1}{3}\left(\langle\sigma\rangle + \frac{\mu H}{k_B T_c}\right)^3 + \cdots \tag{7.68}$$

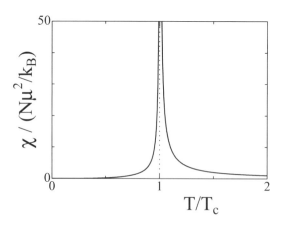

図 7.7: イジング模型の平均場近似による帯磁率．$T = T_c$ で無限大に発散し，状態が不安定であることを示す．

よって，

$$\langle \sigma \rangle + \frac{\mu H}{k_B T_c} \simeq \left(\frac{3\mu H}{k_B T_c} \right)^{1/3} \tag{7.69}$$

となるが，$H \to 0$ では，左辺の H の 1 乗の項より，右辺の $H^{1/3}$ の項の方がはるかに大きいので，左辺の H の 1 乗の項を無視することができて，

$$\langle \sigma \rangle \simeq \left(\frac{3\mu H}{k_B T_c} \right)^{1/3} \tag{7.70}$$

を得る．$T = T_c$ では $\chi = \infty$ なので，単純な $M = \chi H$ のような比例関係は成り立たず，このような特異な振る舞いとなる．

7.4.3 比熱

定積比熱を求めるには，エネルギーの平均値を温度で微分すればよい：

$$C_V = \frac{\partial E}{\partial T} \tag{7.71}$$

エネルギーは，ハミルトニアンの平均であるから，平均場近似では，

$$E = -\frac{N}{2} z J \langle \sigma \rangle^2 \tag{7.72}$$

7.4. 強磁性イジング模型に対する平均場近似 147

となる．$1/2$ はスピンの対を2重に数えないための因子である．$T > T_c$ では $\langle\sigma\rangle = 0$ であるから，$C_V = 0$ である．$T \lesssim T_c$ では，$\langle\sigma\rangle \simeq \sqrt{3(T_c - T)/T_c}$ を用いて，

$$E = -\frac{N}{2}zJ\langle\sigma\rangle^2 \simeq -\frac{Nk_BT_c}{2} \times 3\frac{T_c - T}{T_c} \tag{7.73}$$

となる．よって，

$$C_V = \frac{3}{2}Nk_B \tag{7.74}$$

となる．すなわち，$T < T_c$ では比熱は一定ということになってしまうが，もちろんこれは近似のせいである．つまり，$\langle\sigma\rangle$ の $T \lesssim T_c$ での近似解を用いたために，E が T の1次関数になってしまい，微分することにより比熱が定数になってしまったのである．熱力学の関係式 $dS = dQ/T$ より，エントロピーは定積比熱 $C_V(T)$ を用いて，

$$S = \int_0^T \frac{C_V(T')}{T'}dT' \tag{7.75}$$

と書けるが，比熱が $T \to 0$ で T^2 よりもはやく0にならなければ積分の下限が収束しない．よって，低温まで C_V が定数ということはあり得ない．そこで，$T \lesssim T_c$ での正しい形を得るためには，$\langle\sigma\rangle$ を少なくとも T の2次関数まで計算しなければならない．これを行うと（章末問題），

$$C_V \simeq \frac{3}{2}Nk_B\left(1 + \frac{8}{5}\frac{T - T_c}{T_c} + \cdots\right) \tag{7.76}$$

となって，低温で減少する形が得られる．

　任意の温度に対する比熱の一般的な表式は，エネルギーの式 (7.72) を温度で微分して，

$$C_V = -Nk_BT_c\langle\sigma\rangle\frac{\partial\langle\sigma\rangle}{\partial T} \tag{7.77}$$

となる．これをグラフに描くためには，$\langle\sigma\rangle$ の数値的な解（図7.6）を温度で数値微分する必要があるが，それを実際にコンピュータで計算してみると，ガタガタのグラフしか得られない．

　ここでは，C_V の表式 (7.77) を，$t = T/T_c$ を変数にとって，

$$C_V/Nk_B = -\langle\sigma\rangle\frac{\partial\langle\sigma\rangle}{\partial t} \tag{7.78}$$

と書き直し，t による微分を実行すると，

$$\frac{C_V}{Nk_B} = -\langle\sigma\rangle \frac{-\frac{\langle\sigma\rangle}{t^2} + \frac{1}{t}\frac{\partial\langle\sigma\rangle}{\partial t}}{\cosh^2(\langle\sigma\rangle/t)} \tag{7.79}$$

となる．右辺にも $\langle\sigma\rangle(\partial\langle\sigma\rangle/\partial t)$ が現れているので，左辺に移項し，$-\langle\sigma\rangle(\partial\langle\sigma\rangle/\partial t)$ について解くと，

$$\frac{C_V}{Nk_B} = \frac{\langle\sigma\rangle^2}{t^2\cosh^2(\langle\sigma\rangle/t) - t} \tag{7.80}$$

と求まり，数値微分の必要のない形にすることができた．元の変数で書くと，

$$C_V = Nk_B \frac{\langle\sigma\rangle^2}{[(T/T_c)\cosh((T_c/T)\langle\sigma\rangle)]^2 - T/T_c} \tag{7.81}$$

となる．

式 (7.80) を用いて計算した，全温度領域での比熱の振る舞いを図 7.8 に示す．

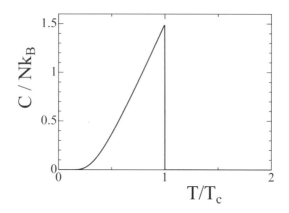

図 7.8: イジング模型の平均場近似による比熱．$T = T_c$ で不連続となる．

7.4.4 自由エネルギー

平均場理論でヘルムホルツの自由エネルギーを求めるときには，多少注意がいる．まずエネルギーだが，以前求めた $\mathcal{H}_{MF}$(式 (7.45)) を単純に平均すると，

$$E = \langle\mathcal{H}_{MF}\rangle = -NzJ\langle\sigma\rangle^2 - N\mu H\langle\sigma\rangle \tag{7.82}$$

7.4. 強磁性イジング模型に対する平均場近似　　　　　　　　149

となる. $H = 0$ とすれば第1項のみとなるが, これは前章で比熱の計算に用い
た式の2倍になっており, 同じ隣接格子点間の相互作用を2重に数えた式になっ
てしまっている.

　そこで, 平均場近似というものを, 別の角度からもう一度検討し直してみよ
う. イジング模型において, イジング変数を, その平均値と, そこからのずれ
(揺らぎ) に分ける:

$$\sigma_i = \langle \sigma_i \rangle + (\sigma_i - \langle \sigma_i \rangle) \tag{7.83}$$

σ_j についても同様にする. 当面 $H = 0$ として, これらをイジング模型のハミ
ルトニアンに代入すると (対 $\langle i, j \rangle$ についての和を, i, j 独立の和とし, その
代りに2で割って),

$$
\begin{aligned}
\mathcal{H} &= -\frac{1}{2} \sum_{i,j} J_{ij} \sigma_i \sigma_j \\
&= -\frac{1}{2} \sum_{i,j} J_{ij} [\langle \sigma_i \rangle + (\sigma_i - \langle \sigma_i \rangle)] \times [\langle \sigma_j \rangle + (\sigma_j - \langle \sigma_j \rangle)] \\
&= -\frac{1}{2} \sum_{i,j} J_{ij} [\langle \sigma_i \rangle \langle \sigma_j \rangle + (\sigma_i - \langle \sigma_i \rangle)\langle \sigma_j \rangle + \langle \sigma_i \rangle(\sigma_j - \langle \sigma_j \rangle) \\
&\qquad + \delta \sigma_i \delta \sigma_j] \\
&= \frac{1}{2} \sum_{i,j} J_{ij} [\langle \sigma_i \rangle \langle \sigma_j \rangle - 2\langle \sigma_j \rangle \sigma_i + \delta \sigma_i \delta \sigma_j] \\
&\equiv \delta E + \mathcal{H}_{\mathrm{MF}} + \delta^2 \mathcal{H} \tag{7.84}
\end{aligned}
$$

となる. 最後の項で, $\delta \sigma_i = \sigma_i - \langle \sigma_i \rangle$ などとおいた. 第1項 δE は定数である.
第2項は, 平均場近似のハミルトニアン $\mathcal{H}_{\mathrm{MF}}$(式 (7.45)) である. 最後の項は,
平均値からのずれの積であるから, 小さい量の2乗であるので, 無視できると
考えることにしよう. このようにして, 平均場近似は, σ_i を平均値と, それか
らのずれに分けて, ずれの2乗を無視することによって導出することができる.
なお, 第1項の定数部分は, 平均場近似の方程式を導出するには関係がないが,
自由エネルギーの計算には必要になる. これは, のちに調べる.

　本当のところは, 第3項で, σ_i は ± 1 の離散的な値をとり, $\sigma_i - \langle \sigma_i \rangle$ は大き
く変動するので, 単純に小さいとはいえない. しかし, $T_c = zJ/k_B = $ 一定と
して, $z \to \infty$ の極限をとることにして, 分配関数への第3項の寄与を摂動とし

て見積もると，

$$
\begin{aligned}
Z &= \mathrm{Tr}_\sigma e^{-\beta(\delta E + \mathcal{H}_{MF} + \delta\mathcal{H})} \\
&\simeq e^{-\beta\delta E} 2\cosh(\beta z J\langle\sigma\rangle) \\
&\quad \times \left[1 + \beta J \sum_{\langle ij \rangle} J_{ij}\langle\delta\sigma_i\delta\sigma_j\rangle + \frac{(\beta J)^2}{2}\left\langle \left(\sum_{\langle ij \rangle} J_{ij}\delta\sigma_i\delta\sigma_j\right)^2 \right\rangle + \cdots \right]
\end{aligned}
$$
(7.85)

となるが，$[\cdots]$ 内の第 2 項は $i \neq j$ なので，それぞれ独立に平均をとって $\langle\delta\sigma_i\rangle = \langle\delta\sigma_j\rangle = 0$ となる．第 3 項は有限だが，$\sum_{i,j} J_{ij}^2\langle\delta\sigma_i^2\rangle\langle\delta\sigma_j^2\rangle$ のタイプの項だけが寄与する．この項は $O(NzJ^2)$ 程度だが，$T_\mathrm{c} = zJ/k_\mathrm{B} = 一定$から，$J = k_\mathrm{B}T_\mathrm{c}/z$ であるので，$O(1/z)$ 程度となり，

$$
Z \simeq e^{-\beta\delta E} 2\cosh(\beta z J\langle\sigma\rangle)[1 + O(1/z) + \cdots]
$$
(7.86)

と書けて，$z \to \infty$ の極限では揺らぎの寄与は 0 となる．すなわち，**平均場近似は，$z \to \infty$ では厳密に正しい理論になる**．

こうして，平均場近似におけるハミルトニアンは，

$$
\mathcal{H}_\mathrm{MF} = \frac{1}{2}\sum_{i,j} J_{ij}\langle\sigma_i\rangle\langle\sigma_j\rangle - \sum_{i,j} J_{ij}\langle\sigma_j\rangle\sigma_i
$$
(7.87)

となる．

第 1 項が余分のようだが，このハミルトニアンから分配関数を作り，自由エネルギーを作ると（磁場の項を元に戻して），

$$
F = +\frac{1}{2}NzJ\langle\sigma\rangle^2 - Nk_\mathrm{B}T\log\left[2\cosh\left(\frac{T_\mathrm{c}}{T}\langle\sigma\rangle + \beta\mu H\right)\right]
$$
(7.88)

となる．そして，エネルギーは，第 1 項が加わったために，

$$
E = -\frac{1}{2}NzJ\langle\sigma\rangle^2 - N\mu H\langle\sigma\rangle
$$
(7.89)

と正しい形となるのである．

ところで，$\langle\sigma\rangle$ はまだ決まっていないが，これを自由エネルギー最小の原理から決めることにする．すなわち，この系では，(N, V) は常に一定であるので省略して，残りの独立変数は，(T, H) である．つまり，熱平衡状態では，$M = N\mu\langle\sigma\rangle$ は自動的に決まる．もちろん，熱力学で学んでいるように，(T, M) を独立変数

7.4. 強磁性イジング模型に対する平均場近似　　　　　　　　151

にとることもできるが，いまは，(T, H) が独立変数であるから，$\langle \sigma \rangle$ は，**自由エネルギー最小の原理**から自動的に決まらなければならない．すなわち，

$$\frac{\partial F[T, H, \langle \sigma \rangle]}{\partial \langle \sigma \rangle} = 0 \tag{7.90}$$

より，

$$0 = NzJ\langle \sigma \rangle - Nk_{\mathrm{B}}T\beta Jz \tanh\left(\frac{T_{\mathrm{c}}}{T}\langle \sigma \rangle + \beta \mu H\right) \tag{7.91}$$

から，

$$\langle \sigma \rangle = \tanh\left(\frac{T_{\mathrm{c}}}{T}\langle \sigma \rangle + \beta \mu H\right) \tag{7.92}$$

を得る．これはまさに，$\langle \sigma \rangle$ を (T, H) の関数として決めるための平均場の方程式 (7.49) そのものである．このように，**平均場近似は，自由エネルギー最小の原理から導出することができるのである．**

　最後に，平均場近似での自由エネルギー (7.88) を $\langle \sigma \rangle$ の関数として図に描いてみよう．$H = 0$ とし，$t = T/T_{\mathrm{c}}$ とおくと，

$$\frac{\beta F}{N} = \frac{\langle \sigma \rangle^2}{2t} - \log\left(2\cosh\frac{\langle \sigma \rangle}{t}\right) \tag{7.93}$$

となる (図 7.9)．この図からわかる通り，$\langle \sigma \rangle$ の関数として，自由エネルギーは，$T < T_{\mathrm{c}}$ のとき，$\langle \sigma \rangle \neq 0$ のところに最小値をもつために，それに対応する有限のマクロな磁化が生ずる．$\langle \sigma \rangle = 0$ のところにボールを乗せたとすると，左右対称だから，厳密にいえばボールはどちらにも転がらない．しかし，現実的には，ほんのわずかのずれがあれば，右か左に転がって行ってしまう．これが，「**自発的対称性の破れ**」だ．グラフは左右対称だが，$T < T_{\mathrm{c}}$ でいったん巨視的な磁気モーメント $M = N\mu\langle \sigma \rangle$ がどちらかの向きに発生してしまえば，その向きを反転するためには，図 7.9 の自由エネルギーのマクロな山を越えなければならないが，それにはほとんど無限大の時間がかかる．したがって，「自発的対称性の破れ」は固定されるのである．

　図 7.9 の振る舞いをよりよく理解するために，自由エネルギー (7.93) 式を $\langle \sigma \rangle$ に関して，4 次までテイラー展開してみよう（章末問題）．結果は，

$$\beta F/N = -\log 2 + \frac{T - T_{\mathrm{c}}}{2T_{\mathrm{c}}}\langle \sigma \rangle^2 + \frac{1}{12}\langle \sigma \rangle^4 + \cdots - \mu H\langle \sigma \rangle \tag{7.94}$$

となる．ここで特徴的なのは，4 次の項の係数が正であることと，2 次の項の係

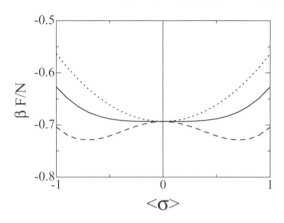

図 7.9: $H = 0$ のときのイジング模型の自由エネルギー．実線：$T = T_c$，破線：$T = 0.5T_c$，点線：$T = 2T_c$．

数が $T = T_c$ で符号を変えることである．すなわち，$T < T_c$ では，2次の項の係数が負であるために，$\langle \sigma \rangle = 0$ 付近が上に凸となり，$\langle \sigma \rangle$ は正または負の有限値に転がり落ちるのである．4次の項の係数が正であることは，$\langle \sigma \rangle$ の安定点が有限な値となるために必要である．

7.5 相転移に関するギンツブルグ–ランダウの理論

前章の最後に述べた自由エネルギーのテイラー展開は，いわゆる 2 次の相転移に関して普遍的に適用することができる．ランダウ[36]とギンツブルグ[12][37]は，その際，「秩序変数」という，二つの相の違いを特徴付けるパラメーターが，相転移点において不連続に変化するものを，一次転移，連続的に 0 になるものを二次転移と名付けた．後者の場合，転移点近傍では秩序変数は小さな値をとるので，自由エネルギーを秩序変数に関してテイラー展開することができると仮定する．たとえば，常磁性から強磁性が発生する転移を考え，秩序変数 m を，磁化 M を飽和磁化（絶対零度での磁化）M_0 で規格化して，$m = M/M_0$ としよう．イジング模型では $M_0 = N\mu$ である．定義から，$|m| < 1$ である．磁化は z 方向に発生するものとする．磁場が存在しないとき，磁化が正の向きでも負の向きでも，どちらに発生しても自由エネルギーの変化に違いはないはずであ

---
[12]Vitaly Lazarevich Ginzburg (1916–2009)

7.5. 相転移に関するギンツブルグ–ランダウの理論

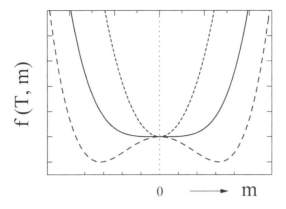

図 7.10: $H=0$ のときのギンツブル–ランダウの自由エネルギー．実線：$T=T_c$，破線：$T=<T_c$，点線：$T>T_c$．

るから，自由エネルギーは磁化の偶関数である．よって，

$$F(T,m)/N \equiv f(T,m) = f_0(T) + A(T)m^2 + B(T)m^4 + \cdots \tag{7.95}$$

と書ける．ここで，ランダウ[36]は，$A(T) = a(T-T_c)/T_c \equiv a\varepsilon$，$B(T) = b > 0$ で一定と仮定した．また，$\varepsilon \equiv (T-T_c)/T_c$ と書いた．すなわち，展開の2次の項の係数が，$T=T_c$ を挟んで符号を変えると仮定したのである．これにより，

$$f(T,m) = f_0(T) + a\varepsilon m^2 + bm^4 + \cdots \tag{7.96}$$

となる．以下では簡単のため，$f_0(T) = 0$ ととる．略図を 7.10 に示した．

前節のイジング模型の平均場近似による自由エネルギーの式 (7.94) は，ちょうど式 (7.96) と同じ形になっており，係数を比較すれば，

$$m = \langle \sigma \rangle, \quad a = \frac{1}{2}k_B T_c, \quad b = \frac{1}{12}k_B T_c \tag{7.97}$$

となっている．

まず，磁場がないとき，自由エネルギー最小の原理から，

$$\frac{\partial f}{\partial m} = 2a\varepsilon m + 4bm^3 = 0 \tag{7.98}$$

より，磁化として，

$$m = \begin{cases} 0 & (T > T_c) \\ \pm\sqrt{\dfrac{-a\varepsilon}{2b}} & (T < T_c) \end{cases} \tag{7.99}$$

を得る．自由エネルギーの最小値は，それぞれ，

$$
f_{min} = \begin{cases} 0 & (T > T_c) \\ -\dfrac{a^2\varepsilon^2}{4b} & (T < T_c) \end{cases} \tag{7.100}
$$

となる．

定積比熱は，

$$
C_V = T\frac{\partial S}{\partial T} = -T\frac{\partial^2 F}{\partial T^2} \tag{7.101}
$$

より，

$$
C_V = \begin{cases} 0 & (T > T_c) \\ \dfrac{Na^2}{2b}\dfrac{T}{T_c^2} & (T < T_c) \end{cases} \tag{7.102}
$$

を得る．比熱は $T = 0$ から $T = T_c$ まで直線的に上昇し，$T > T_c$ で不連続に 0 となる．イジング模型の場合の $T < T_c$ の比熱は，a，b を代入すると，

$$
C_V = \frac{3}{2}Nk_BT \tag{7.103}
$$

となり，$T = 0 \to T_c$ まで，完全に直線になる．平均場近似で比熱の三角形の形を出すのはたいへんであったが，ここではそれが簡単な計算により導かれることに注意したい．このような理論を**ギンツブルグ－ランダウの理論**（GL 理論）という．ただし，比熱の低温での振る舞いは平均場近似とは多少異なっている．これは，GL 理論は T_c 近傍で成り立つ理論であり，自由エネルギーが m でテイラー展開することができることを仮定しているので，低温で結果が異なるのは仕方がない．

また，微小な磁場をかけることにより，帯磁率を計算することができる．熱力学の関係式

$$
\frac{\partial F}{\partial M} = H \tag{7.104}
$$

より，

$$
\frac{\partial f}{\partial m} = 2a\varepsilon m + 4bm^3 = \mu H \tag{7.105}
$$

となる．

$T > T_c$ では，$|m| \ll 1$ なので，$O(m^3)$ の項を落として，m について解くと，

$$
m = \frac{\mu H}{2a\varepsilon} \tag{7.106}
$$

7.5. 相転移に関するギンツブルグ–ランダウの理論　　　　155

と求まる.

　帯磁率は,

$$\chi = \lim_{H \to 0} \frac{\partial M}{\partial H} \tag{7.107}$$

で与えられ, $M = N\mu m$ であるから,

$$\chi = \frac{N\mu^2}{2a\varepsilon} \tag{7.108}$$

と求まる. a にイジング模型のパラメータを入れると,

$$\chi = \frac{N\mu^2}{k_{\mathrm{B}}} \frac{1}{T - T_{\mathrm{c}}} \tag{7.109}$$

となって, 平均場近似の結果と一致する.

　$T < T_{\mathrm{c}}$ では, $H = 0$ でも $m \neq 0$ なので, $H = 0$ のときの解を $m_0 = \sqrt{-a\varepsilon/2b}$ とおいて, $H \neq 0$ のときの解を $m = m_0 + \delta m$ とおく. 磁場が小さいとき, δm は微小量である. m を式 (7.105) に代入して, 磁場および δm の 1 次の項を等しいとおけば,

$$(2a\varepsilon + 12bm_0^2)\delta m = \mu H \tag{7.110}$$

となる. よって,

$$\delta m = \frac{\mu H}{2a\varepsilon + 12bm_0^2} \tag{7.111}$$

となるが, m_0 を代入して整理すれば,

$$\chi = N\mu \frac{\partial m}{\partial H} = \frac{N\mu^2}{-4a\varepsilon} \tag{7.112}$$

を得る. 再び, イジング模型に対応する a を代入すると,

$$\chi = \frac{N\mu^2}{2k_{\mathrm{B}}} \frac{1}{T_{\mathrm{c}} - T} \tag{7.113}$$

となって, $T \lesssim T_{\mathrm{c}}$ での平均場近似の結果と一致する.

　最後に, $T = T_{\mathrm{c}}$ のとき, 自由エネルギー最小の式から,

$$\frac{\partial f}{\partial m} = 4bm^3 = \mu H \tag{7.114}$$

となるが，これより，

$$m = \left(\frac{\mu H}{4b}\right)^{1/3} \tag{7.115}$$

を得る.

このようにして，ギンツブルグ–ランダウ展開の方法は，自由エネルギーを秩序パラメータの4次まで展開するだけで，少なくとも定性的には，2次の相転移の様子を平均場近似と同等のレベルで記述することができる. また，秩序変数の値が小さい限りは，自由エネルギーを6次まで展開して，1次転移を取り扱うこともできる（章末問題）. また，とくに，秩序変数が複数個あり，それらの間に特定の対称性があるときに，相転移の様子を定性的に調べるのにとくに便利である. さらには，秩序変数が複素数であったり，空間変化がある場合にも拡張でき（たとえば，超伝導転移や，超伝導における渦糸），適用範囲の広い理論となっている. しかし，平均場近似の欠点と限界も同時にもち合せていることに留意しなければならない.

7.6 相転移の臨界指数

これまでの結果から，比熱，帯磁率，磁化などは，T_c 近傍で，

$$C \quad \sim \quad (T - T_c)^{-\alpha} \tag{7.116}$$

$$M \quad \sim \quad (T_c - T)^{1/\beta} \quad (T < T_c) \tag{7.117}$$

$$\chi \quad \sim \quad (T - T_c)^{-\gamma} \tag{7.118}$$

$$M \quad \sim \quad H^{1/\delta} \quad (T = T_c) \tag{7.119}$$

のように整理できることがわかった. α, β, γ, δ, $\cdots$ などを「**臨界指数**」とよぶ.

平均場近似では，

$$\alpha = 0, \quad \beta = 1/2, \quad \gamma = 1, \quad \delta = 3 \tag{7.120}$$

となった. ところが，2次元イジング模型の厳密解では，まったく異なる値：

$$\alpha = 0, \quad \beta = 1/8, \quad \gamma = 7/4, \quad \delta = 15 \tag{7.121}$$

が得られている. 3次元のイジング模型は数値計算により，

$$\alpha \sim -0.11, \quad \beta \sim 0.36, \quad \gamma \sim 1.39, \quad \delta \sim 4.9 \tag{7.122}$$

7.7. 臨界指数のスケーリング理論　　　　　　　　　　　　　　　　157

が得られている．一方，実験では，強磁性体の例としては，スピンの大きさ $S = 5/2$ の EuS という物質について，

$$\alpha \sim 0.05, \quad \beta \sim 0.33, \quad \gamma \sim 1.215, \quad \delta \sim 4.3 \tag{7.123}$$

が得られている．

　これらの臨界指数は，平均場近似の値とは異なっており，また，互いに何の関係もない数字のように見える．しかし，実は，驚くべきことに，たとえば，次のような関係式を満たしている：

$$\alpha + 2\beta + \gamma = 2 \tag{7.124}$$

$$\alpha + \beta(1 + \delta) = 2 \tag{7.125}$$

　これらの関係式は，少なくとも，平均場近似と，2 次元イジング模型の厳密解の臨界指数を代入すると，見事に成り立っている．他の数値計算や実験値に関しても，近似的に成り立っているように見える．その理由を次節で示そう．

7.7　臨界指数のスケーリング理論

　上のような関係式がなぜ成り立つのかを説明するのが，以下で述べる「スケーリング理論」である．以下では，温度を表わす変数として，$t = |\varepsilon|$，磁場を表わす変数として，$h = \mu H$ と書こう．

　ギンツブルクーランダウ理論では，2 次の相転移点の近傍で，自由エネルギー $f(t, m)$ が，秩序変数 m によってテーラー展開できることを仮定していた．その結果，$t \neq 0 (\varepsilon < 0)$ で $h = 0$ のとき，自由エネルギーが，

$$f_{min}(t, h = 0) = -\frac{a^2 t^2}{4b} \propto t^2 \tag{7.126}$$

となった．また，$t = 0$ で $h \neq 0$ のとき，$m = (h/4b)^{1/3}$ となるので，

$$f_{min}(t = 0, h) \propto h^{4/3} \tag{7.127}$$

となる．この式を，

$$
\begin{aligned}
f_{min} \quad &\sim \quad h^{4/3} \sim t^2 \times \frac{h^{4/3}}{t^2} \sim t^2 \times \left(\frac{h}{t^{3/2}}\right)^{4/3} \\
&\sim \quad t^2 \times \phi\left(\frac{h}{t^{3/2}}\right), \quad \phi(x) = x^{4/3}
\end{aligned}
\tag{7.128}
$$

と書いてみよう．この式は，$\phi(0) \neq 0$ であれば，式 (7.126) も再現する．そこで，$\phi(x)$ を少し変更して，$x \to \infty$ で $\phi(x) \propto x^{4/3}$ だが $\phi(0) \neq 0$ であるような関数とする．そうすれば，

$$f_{min}(t,h) \sim t^2 \times \phi\left(\frac{h}{t^{3/2}}\right) \tag{7.129}$$

は，$t \sim 0, h = 0$，および，$t = 0, h \sim 0$ ともに，GL 理論の結果を再現する．

以上の議論を，自由エネルギーが m によってテーラー展開できないとき[13]に拡張しよう．その場合，臨界指数の値は異なってくるであろうから，$f_{min}(t,h)$ の形も，上とは異なってくるだろうが，比熱が $C \sim t^{-\alpha}$ となることを考慮して，

$$f(t,h) \sim t^{2-\alpha}\psi\left(\frac{h}{t^{\Delta}}\right) \tag{7.130}$$

という形に書けると仮定する．$\psi(0), \psi'(0), \psi''(0) \neq 0$ とする．自由エネルギーが，冒頭の $t^{2-\alpha}$ を括り出した残りが，t と h の独立な関数ではなく，h/t^{Δ} という比の形になっていることに注意してほしい．このように書けることを，「スケールする」という．Δ はギャップ・パラメータと呼ばれる．また，$\psi(x)$ はスケーリング関数と呼ばれる．このように書けることは，「繰り込み群」という手法により正当化できるが，本書の範囲を超えるので，専門書[38]を参照してほしい．

この自由エネルギーから，GL の場合と同様にして，比熱，磁化，帯磁率を計算すると，

$$C \sim t^{-\alpha}\psi(0) \propto t^{-\alpha}, \tag{7.131}$$

$$m \sim t^{2-\alpha}\psi'\left(\frac{h}{t^{\Delta}}\right)\frac{1}{t^{\Delta}} \propto t^{2-\alpha-\Delta}, \tag{7.132}$$

$$\chi \sim t^{2-\alpha-2\Delta}\psi''\left(\frac{h}{t^{\Delta}}\right)\frac{1}{t^{\Delta}} \propto t^{2-\alpha-2\Delta} \tag{7.133}$$

となる．

$\chi \sim t^{-\gamma}$ と比較して，

$$\gamma = \alpha - 2 + \Delta, \quad \beta = 2 - \alpha - \Delta \tag{7.134}$$

を得る．この 2 式を足せば，$\Delta = \gamma + \beta$ を得る．よって，上の第 2 式から，臨界指数の間の関係式

$$\alpha + 2\beta + \gamma = 2 \tag{7.135}$$

---

[13]$m = 0$ が，数学でいう，特異点になっているとき

7.7. 臨界指数のスケーリング理論 159

を得る.

次に，$t = 0$ で $m \sim h^{1/\delta}$ の関係を利用する．$h \neq 0$ で $t \to 0$ では，$x \to \infty$ であるから，$x \to \infty$ で $\psi(x) \to x^{\lambda+1}$ と仮定する．$h \neq 0$ で，$t \to 0$ とすると，$\psi'(x) \to x^\lambda$ であるから，

$$m \sim t^{2-\alpha} \psi'\left(\frac{h}{t^\Delta}\right) \frac{1}{t^\Delta} \sim t^{2-\alpha-\Delta} \left(\frac{h}{t^\Delta}\right)^\lambda \tag{7.136}$$

となる．この最後の式で，t を含む項が打ち消されるためには，$2 - \alpha - \Delta = \Delta\lambda$ であればよい．よって，

$$\lambda = \frac{2 - \alpha - \Delta}{\Delta} \tag{7.137}$$

だが，$\Delta = \gamma + \beta$ および，(7.135) 式から $2 = \alpha + 2\beta + \gamma$ を代入すると，

$$\lambda = \frac{\beta}{\beta + \gamma} \tag{7.138}$$

となる．このとき，

$$m \sim h^\lambda \sim h^{\frac{\beta}{\beta+\gamma}} \propto h^{1/\delta} \tag{7.139}$$

から，

$$\delta = \frac{\beta + \gamma}{\beta} \quad \text{または} \quad \beta\delta = \beta + \gamma \tag{7.140}$$

を得る．これを (7.135) 式に入れれば，臨界指数の間の第 2 の関係式

$$\alpha + \delta(\beta + 1) = 2 \tag{7.141}$$

を得る.

この節で説明したことは，「スケーリング理論」のごく一部にすぎないが，「魔法の数」と呼ばれたこともある臨界指数の間の関係式を見事に説明する．さらに詳しい説明は，専門書[38]を参照していただきたい.

章末問題

1. 式 (7.28) を計算せよ.
2. 式 (7.32) を計算せよ.
3. 1 次元イジング模型について,
   (a) 式 (7.14) を証明せよ.
   (b) 上の公式を用い, 1 次元イジング模型の分配関数を計算し, 式 (7.16) となること を示せ. ただし, 周期境界条件 $\sigma_{N+1} = \sigma_1$ をおく. これはスピンを輪のように つなげるのと同等である.
4. $J > 0$ のときの 1 次元イジング模型の帯磁率を, a_1 と a_2 をともに残して, 正しく 計算せよ. 大きさが $M = N\mu$ の巨大な磁気モーメントが, 上を向いたり下を向い たりしているときの帯磁率 (式 (7.39)) となることを示せ.
5. 1 次元イジング模型で, $J < 0$ のときは, N が偶数か奇数かで区別して計算しなけ ればならないが, いずれにしても, エントロピーは $T \to 0$ で $S = k_B \log 2$ となる ことを示せ.
6. イジング模型について, 式 (7.93) の $F[\langle\sigma\rangle]$ を, $\langle\sigma\rangle$ について停留にすることによ り, $\langle\sigma\rangle$ を決める式を求めよ (平均場近似による式と一致することを示せ).
7. 前問の $F[\langle\sigma\rangle]$ を T_c 近傍で $\langle\sigma\rangle \ll 1$ として $\langle\sigma\rangle$ の 4 次までテイラー展開すると, 式 (7.94) となることを示せ.
8. イジング模型の平均場近似において, 比熱の $T \lesssim T_c$ で温度の 1 乗まで正しい式 (7.76) を,
   (a) $\langle\sigma\rangle$ を $\varepsilon = (T - T_c)/T_c$ の 2 次まで計算し, 全エネルギーも ε の 2 次まで計算す ることにより求めよ.
   (b) 分子場近似での比熱の一般式 (7.80) から, $T \lesssim T_c$ での近似式を求めよ.
9. 自由エネルギーを秩序変数 m の 6 次まで展開して,

$$F(T, m) = F_0 + a\varepsilon m^2 + bm^4 + cm^6$$

とし $(\varepsilon = (T - T_c^0)/T_c; a > 0, b < 0, c > 0)$, 1 次転移が起きる条件と, 転移温度 を求めよ.

付録 A　数学公式

A.1　ガウス積分

$$\int_{-\infty}^{\infty} e^{-\alpha x^2} \mathrm{d}x = \sqrt{\frac{\pi}{\alpha}} \tag{A.1}$$

証明

積分を $I(\alpha)$ とすると,

$$I(\alpha)^2 = \int_{-\infty}^{\infty} \int_{-\infty}^{\infty} e^{-\alpha(x^2+y^2)} \mathrm{d}x\mathrm{d}y = 2\pi \int_0^{\infty} e^{-\alpha r^2} r\mathrm{d}r \tag{A.2}$$

と, 2次元平面での動径座標 $r = \sqrt{x^2 + y^2}$ による積分で書ける. さらに $\alpha r^2 = t$ とおけば, $r\mathrm{d}r = \mathrm{d}t/2\alpha$ なので,

$$I(\alpha)^2 = \frac{2\pi}{2\alpha} \int_0^{\infty} e^{-t} \mathrm{d}t = \frac{\pi}{\alpha}. \tag{A.3}$$

ゆえに, $I(\alpha) = \sqrt{\pi/\alpha}$ となる.

これより,

$$\int_{-\infty}^{\infty} x^2 e^{-\alpha x^2} \mathrm{d}x = \frac{\partial I(\alpha)}{\partial(-\alpha)} = \frac{1}{2\alpha} \sqrt{\frac{\pi}{\alpha}} \tag{A.4}$$

も得られる.

A.2　ガンマ関数

$$\Gamma(z) = \int_0^{\infty} t^{z-1} e^{-t} \mathrm{d}t \tag{A.5}$$

をガンマ関数という．$\Gamma(1) = 1$ である．また，部分積分により，

$$\Gamma(z) = -t^{z-1}e^{-t}\Big|_0^\infty + (z-1)\int_0^\infty t^{z-2}e^{-t}\mathrm{d}t = (z-1)\Gamma(z-1) \qquad \text{(A.6)}$$

という漸化式が成り立つ．以上から，z が整数 n のとき，$\Gamma(n+1) = n!$ となることが分かる．また，$\Gamma(1/2) = \sqrt{\pi}$ である．これは，

$$\Gamma(1/2) = \int_0^\infty x^{-1/2}e^{-x}\mathrm{d}x = 2\int_0^\infty e^{-t^2}\mathrm{d}t = \sqrt{\pi} \qquad \text{(A.7)}$$

と計算される．途中で，$x^{1/2} = t$ とおき，$(1/2)x^{-1/2}\mathrm{d}x = \mathrm{d}t$ を用いた．

A.3　スターリングの公式

$$N! \simeq N^N e^{-N}\sqrt{2\pi N} \qquad (N \gg 1) \qquad \text{(A.8)}$$

証明

ガンマ関数 $\Gamma(z)$ の積分表示

$$N! = \Gamma(N+1) = \int_0^\infty x^N e^{-x}\mathrm{d}x \qquad \text{(A.9)}$$

を用い，

$$N! = \int_0^\infty e^{-x+N\log x}\mathrm{d}x \equiv \int_0^\infty e^{f(x)}\mathrm{d}x, \quad f(x) = -x + N\log x \qquad \text{(A.10)}$$

と変形する．$f(x)$ は $f'(x) = -1 + \frac{N}{x} = 0$ で最大になる．そのとき，$x = N \equiv x^*$ である．$f(x)$ を x^* の周りでテーラー展開すると，

$$\begin{aligned}
f(x) &= f(x^*) + f'(x^*)(x - x^*) + \frac{1}{2}f''(x^*)(x - x^*)^2 + \cdots \\
&= N\log N - \frac{1}{2N}(x - x^*)^2 + \cdots
\end{aligned} \qquad \text{(A.11)}$$

よって，

$$N! \simeq e^{-N+N\log N}\int_0^\infty e^{-\frac{1}{2N}(x-x^*)^2}\mathrm{d}x \qquad \text{(A.12)}$$

A.4. d 次元球の体積   163

だが，被積分関数の中心 $x^* = N$ が大きいのに対し，その幅は $\sqrt{N}$ 程度で，両者の比は $1/\sqrt{N} \ll 1$ である．そこで，積分の下限を $-\infty$ にしても差し支えないので，

$$N! \simeq e^{-N+N\log N} \int_{-\infty}^{\infty} e^{-\frac{1}{2N}(x-x^*)^2} \mathrm{d}x = N^N e^{-N} \sqrt{2\pi N} \tag{A.13}$$

となる．

スターリングの公式の簡易形

$$N! \simeq N^N e^{-N} \tag{A.14}$$

証明

$$
\begin{aligned}
\log N! &= \log 1 + \log 2 + \log 3 + \cdots + \log N \\
&\simeq \int_1^N \log x \, \mathrm{d}x \\
&= N \log N - N + 1 \simeq N \log N - N.
\end{aligned}
\tag{A.15}
$$

これを指数関数の肩に乗せればよい．

A.4 d 次元球の体積

空間次元 d における半径 R の球の体積 $\Gamma_d(R)$ は，

$$\Gamma_d(R) = \frac{\pi^{d/2} R^d}{\Gamma\left(\dfrac{d}{2} + 1\right)} \tag{A.16}$$

証明

$\Gamma_d(R)$ は

$$\Gamma_d(R) = \int \cdots \int_{x_1^2 + \cdots + x_d^2 \le R^2} \mathrm{d}x_1 \cdots \mathrm{d}x_d \tag{A.17}$$

で与えられる．$\Gamma_d(R)$ は R^d に比例するから，比例係数を ω_d とし，$\Gamma_d(R) = \omega_d R^d$ と書く．これより，d 次元の球の表面積 $\Omega_d(R)$ は $\Omega_d(R) = \frac{\partial \Gamma_d(R)}{\partial R} = d\omega_d R^{d-1}$ で与えられる．

さて，d 次元空間における次のようなガウス積分

$$I_d = \int \cdots \int e^{-(x_1^2 + \cdots + x_d^2)} \mathrm{d}x_1 \cdots \mathrm{d}x_d = \pi^{d/2} \tag{A.18}$$

を考える．この積分は，極座標では，

$$I_d = \int_0^\infty e^{-r^2} \Omega_d(r) \mathrm{d}r = \int_0^\infty e^{-r^2} d\omega_d r^{d-1} \mathrm{d}r \tag{A.19}$$

と書ける．$r^2 = t$ とおけば，

$$I_d = d\omega_d \int_0^\infty e^{-t} t^{(d-2)/2} \mathrm{d}x = \frac{d\omega_d}{2} \Gamma\left(\frac{d}{2}\right) \tag{A.20}$$

と計算される．$\Gamma(x)$ はガンマ関数である．よって，

$$\omega_d = \frac{\pi^{d/2}}{\dfrac{d}{2}\Gamma\left(\dfrac{d}{2}\right)} = \frac{\pi^{d/2}}{\Gamma\left(\dfrac{d}{2}+1\right)} \tag{A.21}$$

と求まる．これに R^d をかければ，d 次元球の体積 $\Gamma_d(R)$ となる．

A.5 デルタ関数

次の性質をもつ関数（正確には超関数）$\delta(x)$：

$$\delta(x) = \begin{cases} 0 & (x \neq 0) \\ \infty & (x = 0) \end{cases} \tag{A.22}$$

$$\int_a^b \delta(x)\mathrm{d}x = 1 \quad (a < 0 < b) \tag{A.23}$$

を，デルタ関数という．例えば，

$$\delta(x) = \lim_{\alpha \to 0} \frac{1}{\pi} \frac{\alpha}{x^2 + \alpha^2} \tag{A.24}$$

はデルタ関数となる．また，フェルミ分布関数の微分 $-\partial f(\varepsilon)/\partial\varepsilon$ も，$T \to 0$ でデルタ関数となる：

$$\lim_{T \to 0} \left(-\frac{\partial f(\varepsilon)}{\partial \varepsilon}\right) = \delta(\varepsilon - \mu) \tag{A.25}$$

デルタ関数は，x_0 において連続な関数 $f(x)$ に対して，次の性質を持つ：

$$\int_a^b f(x)\delta(x - x_0)\mathrm{d}x = f(x_0) \quad (a < x_0 < b) \tag{A.26}$$

A.6 フェルミ−ディラック統計に必要な積分

一般には，フェルミ粒子系では，

$$F_\alpha(\mu) = \int_0^\infty \frac{\varepsilon^\alpha}{e^{\beta(\varepsilon-\mu)}+1} d\varepsilon = (k_BT)^{\alpha+1} \int_0^\infty \frac{x^\alpha}{e^{x-\eta}+1} dx \tag{A.27}$$

という積分がしばしば必要となり，**フェルミ積分**と呼ばれる $(x = \beta\varepsilon,\ \eta = \beta\mu)$.
しかし，本書で必要なのは，フェルミ分布関数 $f(\varepsilon)$ に対して，低温 $T \ll T_F$ を
仮定したときに現れる

$$\begin{aligned} F_n &= \int_{-\infty}^\infty (\varepsilon-\mu)^n \left(-\frac{\partial f(\varepsilon)}{\partial \varepsilon}\right) d\varepsilon \\ &= (k_BT)^n \int_{-\infty}^\infty \frac{x^n}{(e^x+1)(e^{-x}+1)} dx \end{aligned} \tag{A.28}$$

の形の積分である．$n = $ 奇数のときは，被積分関数が奇関数となるので，$F_n = 0$
となる．偶数のときは，$F_0 = 1$ で，$n \geq 2$ では，

$$F_n = (k_BT)^n \times 2n! \left(1 - \frac{1}{2^{n-1}}\right) \zeta(n), \tag{A.29}$$

となる．（$\zeta(n)$ はツェータ関数．）
証明

$F_0 = 1$ は明らか．n が偶数 $(n \geq 2)$ のとき，

$$I_n = \int_{-\infty}^\infty \frac{x^n}{(e^x+1)(e^{-x}+1)} dx \tag{A.30}$$

とおくと，

$$\begin{aligned} I_n &= 2\int_0^\infty \frac{x^n e^x}{(e^x+1)^2} dx \\ &= -2\int_0^\infty x^n \frac{\partial}{\partial x} \left(\frac{1}{e^x+1}\right) dx \end{aligned} \tag{A.31}$$

と変形できる．これを部分積分して，

$$
\begin{aligned}
I_n &= -2x^n \frac{1}{e^x+1}\Big|_0^\infty + 2n \int_0^\infty \frac{x^{n-1}}{e^x+1} \mathrm{d}x \\
&= 2n \int_0^\infty \frac{x^{n-1}e^{-x}}{1+e^{-x}} \\
&= 2n \int_0^\infty \sum_{k=0}^\infty x^{n-1}(-1)^k e^{-(k+1)x} \mathrm{d}x \\
&= 2n \sum_{k=0}^\infty \frac{(-1)^k}{(k+1)^n} \int_0^\infty t^{n-1}e^{-t} \mathrm{d}t
\end{aligned} \tag{A.32}
$$

となる．ここで，$t=(k+1)x$ とおいた．最後の積分は $\Gamma(n)$ であるので，

$$
I_n = -2n \sum_{k=1}^\infty \frac{(-1)^k}{k^n} \Gamma(n) \tag{A.33}
$$

となる．和は，k が偶数と奇数で符号が異なるので，

$$
\begin{aligned}
I_n &= -2n\Gamma(n)\left[-\sum_{k=\text{odd}} \frac{1}{k^n} + \sum_{k=\text{even}} \frac{1}{k^n} \right] \\
I_n &= 2n\Gamma(n)\left[\sum_{k=1}^\infty \frac{1}{k^n} - 2\sum_{k=1}^\infty \frac{1}{(2k)^n} \right] \\
I_n &= 2n!\left(1 - \frac{1}{2^{n-1}} \right) \zeta(n)
\end{aligned} \tag{A.34}
$$

と求まる．ここで，$n\Gamma(n) = n(n-1)! = n!$ を用いた．

特に，$n=2$ のとき，$\zeta(2)=\pi^2/6$ なので，

$$
F_2 = \int_{-\infty}^\infty (\varepsilon-\mu)^2 \left(-\frac{\partial f(\varepsilon)}{\partial \varepsilon} \right) \mathrm{d}\varepsilon = \frac{\pi^2}{3}(k_{\mathrm{B}}T)^2 \tag{A.35}
$$

となる．

A.7　ボース–アインシュタイン統計に必要な積分

ボース粒子系では，

$$
B_\nu(\mu) = \int_0^\infty \frac{\varepsilon^\nu}{e^{\beta(\varepsilon-\mu)}-1} \mathrm{d}\varepsilon = (k_{\mathrm{B}}T)^{\nu+1} \int_0^\infty \frac{x^\nu}{z^{-1}e^x-1} \mathrm{d}x \tag{A.36}
$$

A.7. ボース−アインシュタイン統計に必要な積分　　　　　　　167

$(x = \beta\varepsilon,\ z = e^{\beta\mu})$ という積分がしばしば必要となる. そこで，**アッペルの関数**を

$$\phi(\alpha, z) = \frac{1}{\Gamma(\alpha)} \int_0^\infty \frac{x^{\alpha-1}}{z^{-1}e^x - 1}\mathrm{d}x \tag{A.37}$$

と定義する. この式は，

$$
\begin{aligned}
\phi(\alpha, z) &= \frac{1}{\Gamma(\alpha)} \int_0^\infty \frac{zx^{\alpha-1}e^{-x}}{1 - ze^{-x}}\mathrm{d}x \\
&= \frac{1}{\Gamma(\alpha)} \sum_{n=0}^\infty z^{n+1} \int_0^\infty x^{\alpha-1}e^{-(n+1)x}\mathrm{d}x \\
&= \frac{1}{\Gamma(\alpha)} \sum_{n=0}^\infty \frac{z^{n+1}}{(n+1)^\alpha} \int_0^\infty t^{\alpha-1}e^{-t}\mathrm{d}t \\
&= \frac{1}{\Gamma(\alpha)} \sum_{n=1}^\infty \frac{z^n}{n^\alpha}\Gamma(\alpha) \\
&= \sum_{n=1}^\infty \frac{z^n}{n^\alpha} \tag{A.38}
\end{aligned}
$$

となる. 変形の途中で，積分変数を $t = (n+1)x$ とおいた. $z = 1$ のとき, $\phi(\alpha, 1)$ は，

$$\phi(\alpha, 1) = \frac{1}{\Gamma(\alpha)} \int_0^\infty \frac{x^{\alpha-1}}{e^x - 1}\mathrm{d}x = \sum_{n=1}^\infty \frac{1}{n^\alpha} = \zeta(\alpha) \tag{A.39}$$

となる. 6.10 節では，

$$\int_0^\infty \frac{x^{\alpha-1}}{e^x - 1}\mathrm{d}x = \Gamma(\alpha)\zeta(\alpha) \tag{A.40}$$

の形の積分公式として用いている. $\zeta(\alpha)$ はツェータ関数である. $\alpha = 3/2$ のとき，$\phi(3/2, 1) = \zeta(3/2) = 2.612\cdots$ となる. また，$\zeta(2) = \pi^2/6$, $\zeta(4) = \pi^4/90$ である.

付 録B　統計力学のまとめ

基礎定数

ボルツマン定数　$k_B = 1.38054 \times 10^{-23} \text{J/K}$
プランク定数　　$h = 6.62559 \times 10^{-34} \text{J·s}$
　　　　　　　　$\hbar = h/2\pi = 1.054494 \times 10^{-34} \text{J·s}$
アヴォガドロ数　$N_A = 6.02252 \times 10^{23}$
気体定数　　　　$R = N_A k_B = 1.38054 \times 10^{-23} \text{J/K}$

熱力学の基礎方程式

$$\mathrm{d}E = T\mathrm{d}S - p\mathrm{d}V + \mu\mathrm{d}N \tag{B.1}$$

統計力学の原理 (仮定)

等重率の原理（仮定）：孤立系においては，固有エネルギーの等しい固有状態は，等確率で出現する．

小正準集合

粒子数 N，体積 V，系の全エネルギー E の孤立系において，エネルギー固有値が微小なエネルギーの幅 $[E, E + \Delta E]$ の中にある固有状態の総数を $W(N, V, E, \Delta E) = \Omega(N, V, E)\Delta E$ とすると，各固有状態は等しい確率

$$p(N, V, E) = \frac{1}{W(N, V, E, \Delta E)} \tag{B.2}$$

で出現する．

また，エントロピー S は，

$$S(N, V, E) = k_B \log W(N, V, E, \Delta E) \tag{B.3}$$

で与えられる.

正準集合

粒子数 N, 体積 V が一定で, 系の全エネルギー E が温度 T の熱浴との間で熱をやり取りをすることにより変化できる系.

系の固有エネルギーを E_n, $\beta = 1/k_{\mathrm{B}}T$ とするとき, 分配関数を

$$
Z(N,V,T) = \sum_n e^{-\beta E_n} \tag{B.4}
$$

$$
= \int_0^\infty \mathrm{d}E \ \Omega(N,V,E) e^{-\beta E} \tag{B.5}
$$

とする. 状態密度 $\Omega(N,V,E)$ は, 単位エネルギー幅あたりの固有状態の数であり,

$$
\Omega(N,V,E) = \sum_n \delta(E - E_n) \tag{B.6}
$$

とも書ける. 固有エネルギー E_n の固有状態は, 確率

$$
p_n(N,V,T) = \frac{1}{Z(N,V,T)} e^{-\beta E_n} \tag{B.7}
$$

で出現する.

ヘルムホルツの自由エネルギー $F = E - TS$ は,

$$
F(N,V,T) = -k_B T \log Z(N,V,T) \tag{B.8}
$$

で与えられる.

大正準集合

体積 V が一定で, 系の粒子数 N とエネルギー E が, 化学ポテンシャル μ, 温度 T の熱浴との間で粒子と熱をやり取りをすることにより変化できる系.

系の固有エネルギーを $E_n^{(N)}$, $\beta = 1/k_B T$ とするとき, 大分配関数を

$$
Z_G(\mu,V,T) = \sum_{N=0}^\infty \sum_n e^{-\beta(E_n^{(N)} - \mu N)} \tag{B.9}
$$

$$
= \sum_{N=0}^\infty \int_0^\infty \mathrm{d}E \ \Omega(N,V,E) e^{-\beta(E - \mu N)} \tag{B.10}
$$

とする. 粒子数 N, 固有エネルギー $E_n^{(N)}$ の固有状態は, 確率

$$p_n^{(N)}(\mu, V, T) = \frac{1}{Z_G(\mu, V, T)} e^{-\beta(E_n^{(N)} - \mu N)} \tag{B.11}$$

で出現する.

　グランド・ポテンシャル $\Xi = E - TS + \mu N$ は,

$$\Xi(\mu, V, T) = -k_B T \log Z_G(\mu, V, T) \tag{B.12}$$

で与えられる.

章末問題解答

第 1 章

1.1 $\langle x \rangle = (1/\sqrt{2\pi}\sigma_0) \int x \exp[-(x-x_0)^2/2\sigma_0^2]\mathrm{d}x = (1/\sqrt{2\pi}\sigma_0) \int [x_0 + (x-x_0)] \exp[-(x-x_0)^2/2\sigma_0^2]\mathrm{d}x = x_0.$ $\sigma^2 = (1/\sqrt{2\pi}\sigma_0) \int (x-\langle x \rangle)^2 \exp[-(x-x_0)^2/2\sigma_0^2]\mathrm{d}x = (1/\sqrt{2\pi}\sigma_0) \int (x-x_0)^2 \exp[-(x-x_0)^2/2\sigma_0^2]\mathrm{d}x = \sigma_0^2.$

1.2 式 (1.15) に付け加わるのは，$(1/2)[\log(2\pi N) - \log(2\pi(N/2+m)) - \log(2\pi(N/2-m))] = (1/2)[-\log(2\pi) + \log(N/(N^2/4-m^2))] \simeq \log\sqrt{2/\pi N}.$ $\sigma = \sqrt{N/4}$ とおくと，ちょうど規格化因子 $1/\sqrt{2\pi}\sigma$ が出る.

1.3 式 (1.12) の 2^N 以外の部分は正規分布になることが示されているから，その最大値は $1/\sqrt{2\pi}\sigma = \sqrt{2/\pi N}.$ よって，$W_{\max} = 2^N \sqrt{2/\pi N}.$

1.4 規格化は，$\int_{-\infty}^{\infty} f(x)\mathrm{d}x = A\int_{-\infty}^{\infty} 1/(x^2+a^2)\mathrm{d}x = (A/a)\pi.$ ゆえに，$A = a/\pi.$ $f(x) = (1/\pi)[a/(x^2+a^2)].$ $\langle x \rangle = 0$ は明らか. 分散は，$\int_{-\infty}^{\infty} x^2 f(x)\mathrm{d}x = (a/\pi) \int_{-\infty}^{\infty} x^2/(x^2+a^2)\mathrm{d}x$ となるが，被積分関数が $x \to \pm\infty$ で 1 になるので，積分は無限大となる.

1.5 (a)1 個の分子が v の中にある確率は v/V，外にある確率は $1-(v/V).$ N 個のうち，n 個が v の中，残りが外にある確率は，$(v/V)^2(1-v/V)^{N-n}.$ 場合の数は，$N!/n!(N-n)!.$ よって，$v \ll V$, $n \ll N$ のとき，$P(n) = N!/n!(N-n)!(v/V)^2(1-v/V)^{N-n} = (1-v/V)^N(v/(V-v))^n N^N e^N/(N-n)^{N-n} e^{N-n} n! \simeq \exp(-Nv/V)(Nv/V)^n/n! = \bar{n}e^{\bar{n}}/n!.$ (b) $\log P(n) = \bar{n}\log n - \bar{n} - n\log n + n$ を $\bar{n}$ のまわりでテイラー展開する. $(\partial/\partial n)P(n) = \bar{n}(1/n-1) - \log n = 0$ から $\log n = \bar{n}(n-1)/n \simeq \bar{n}$ とすると，$\log P(n) \simeq -(n-\bar{n})^2/\bar{n}.$ よって，$P(n) \propto e^{-(n-\bar{n})^2/\bar{n}}.$

第 2 章

2.1 (a) $\boldsymbol{p} = m\boldsymbol{v}$ なので，$f(\boldsymbol{p}) = A\exp(-\boldsymbol{p}^2/2mk_\mathrm{B}T).$ 規格化して，$f(\boldsymbol{p}) = N/(2\pi m k_\mathrm{B}T)^{3/2}\exp(-\boldsymbol{p}^2/2mk_\mathrm{B}T).$ (b) $\varepsilon = \boldsymbol{p}^2/2m$ から $\mathrm{d}\varepsilon = (p/m)\mathrm{d}p.$ 極座標で，$\mathrm{d}\boldsymbol{p} = 4\pi p^2 \mathrm{d}p = 4\pi pm\mathrm{d}\varepsilon = 4\pi m\sqrt{2m\varepsilon}\mathrm{d}\varepsilon.$ よって，$f(\boldsymbol{p})\mathrm{d}\boldsymbol{p} = N(2\pi m k_\mathrm{B}T)^{-3/2}\exp(-\varepsilon$

$/k_\mathrm{B}T$) $\times$ $4\pi m\sqrt{2m\varepsilon}\mathrm{d}\varepsilon$ $=$ $(2\pi N)/(\pi k_\mathrm{B}T)^{3/2}\exp(-\varepsilon$ $/k_\mathrm{B}T)\sqrt{\varepsilon}\mathrm{d}\varepsilon$. よって，$f(\varepsilon)$ $=$ $(2\pi N)/(\pi k_\mathrm{B}T)^{3/2}\exp(-\varepsilon/k_\mathrm{B}T)\sqrt{\varepsilon}$. (c) $f(v_x,$ $v_y,v_z)$ を v_y と v_z について積分して，$f(v_x) = N\sqrt{m/2\pi k_\mathrm{B}T}\exp(-mv_x^2/2k_\mathrm{B}T)$.

2.2 (a) $\mathrm{d}\boldsymbol{v} = 4\pi v^2\mathrm{d}v$ より，$f(v)\mathrm{d}v = N(m/2\pi k_\mathrm{B}T)^{3/2}\exp(-mv^2/2k_\mathrm{B}T)4\pi v^2$ $\mathrm{d}v$. (b) $\int_0^\infty f(v)\mathrm{d}v = N(m/2\pi k_\mathrm{B}T)^{3/2}\int_0^\infty \exp(-mv^2/2k_\mathrm{B}T)4\pi v^2\mathrm{d}v =$ $4\pi N(m/2\pi k_\mathrm{B}T)^{3/2}$ $(\partial/\partial(-\alpha))\int_0^\infty \exp(-\alpha v^2)\mathrm{d}v$ $(\alpha = m/2k_\mathrm{B}T)$ $= N$. (c) $\langle v\rangle = \int_0^\infty \mathrm{d}v v^3 e^{-\alpha v^2}/\int_0^\infty \mathrm{d}v\, v^2 e^{-\alpha v^2} = (1/2)(\partial/\partial(-\alpha))\int_0^\infty \mathrm{d}(v^2)v^2\, e^{-\alpha v^2}$ $/\int_0^\infty \mathrm{d}v v^2 e^{-\alpha v^2}$ $= (1/2)(\partial/\partial(-\alpha))$ $(1/\alpha)/(\sqrt{\pi/4\alpha}/4\alpha)$ $= 2/\sqrt{\pi\alpha} =$ $\sqrt{8k_\mathrm{B}T/\pi m}$. (d) $\langle v^2\rangle = \int_0^\infty \mathrm{d}v v^4 e^{-\alpha v^2}/\int_0^\infty \mathrm{d}v\, v^2 e^{-\alpha v^2} = (\partial^2/\partial(-\alpha)^2)$ $\int_0^\infty \mathrm{d}(v^2)v^2 e^{-\alpha v^2}$ $/(\partial/\partial(-\alpha))\int_0^\infty \mathrm{d}v e^{-\alpha v^2} = 3/2\alpha = 3k_\mathrm{B}T/m$. よって，$\bar{v} \equiv$ $\sqrt{\langle v^2\rangle} = \sqrt{3k_\mathrm{B}T/m}$. (e) $\langle v\rangle/\bar{v} = 2\sqrt{2}/\sqrt{3\pi} = \sqrt{8/3\pi} = 0.921$.

2.3 $m \simeq 32\times 10^{-3}/6.02\times 10^{23}\mathrm{kg}$ なので，$\bar{v} =$473 m/s.

2.4 断面積 σ，長さ v_x の円筒に入っている分子の数は $f(\boldsymbol{v})\mathrm{d}\boldsymbol{v}\times \sigma v_x/V$ なので，これを速度に関して積分して $(v_x \geq 0$ に注意)，単位時間あたりの流出量は，
$j = (\sigma/V)\int_0^\infty \mathrm{d}v_x \int_{-\infty}^\infty \mathrm{d}v_y \int_{-\infty}^\infty \mathrm{d}v_z v_x f(v_x,v_y,v_z) = (N\sigma/V)\sqrt{m/2\pi k_\mathrm{B}T}(k_\mathrm{B}T$ $/m) = n\sigma\sqrt{k_\mathrm{B}T/2\pi m} = n\sigma\langle v\rangle/4$. ただし，$n = N/V$ とおいた.

第 3 章

3.1 波動関数が両端で 0 になる場合，k の刻みは式 (3.19) から π/L なので，$k = \sqrt{2mE/\hbar^2}$ を π/L で割って，$N(E) = (L/\pi)\sqrt{2mE/\hbar^2}$ となる．周期的境界条件のときは，式 (3.28) より k の刻みが $2\pi/L$ となるが，$n = 0, \pm 1, \pm 2, \cdots$ となるので，状態数が 2 倍となり，同じ答となる．

第 4 章

4.1 仮定より $S = f(W)$ と書ける．一方，二つの系 A，B の合成系の状態数は，互いに独立だとすれば，$W_{A+B} = W_A \cdot W_B$. 他方，エントロピーの加算性から，$S_{A+B} = S_A + S_B$. よって，$f(W_{A+B} = f(W_{A+B}) = f(W_A) + f(W_B)$ が成り立つ．$f(W)$ は微分可能だとすると，この式を W_A，W_B でそれぞれ微分して，$W_B f'(W_A W_B) = f'(W_A)$，$W_A f'(W_A W_B) = f'(W_B)$ を得る．この 2 式を互いに割ると，$f'(W_A)/W_B = f'(W_B)/W_A$ すなわち，$f'(W_A)W_A = f'(W_B)W_B$ を得る．A，B は任意であるから，この式は定数でなければならない．すなわち，$W f'(W) = k$(定数). この微分方程式の解は，$S = f(W) = k\log W + C$. エントロピーの加算性から，$f(W_A W_B) = f(W_A) + f(W_B)$ でなければならないので，$k\log W_A W_B + C = k\log W_A + C + k\log W_B + C$. これより，$C = 0$ となる．よっ

て，$S = k \log W$ でなければならない.

4.2 式 (4.23) を用い，また，$\log W_{\{n_i\}}$ を最大にする粒子数を $\{n_i^*\}$ とすると，最大値との比は，$\log(W_{\{n_i\}}/W_{\{n_i^*\}}) = -\sum_i n_i(\log n_i - 1) + \sum_i n_i^*(\log n_i^* - 1)$ となる．$n_i = n_i^* + \xi_i$ とおいて，$\xi_i/n_i^* \ll 1$ として ξ_i についてテイラー展開すると，$\log(W_{\{n_i\}}/W_{\{n_i^*\}}) \simeq -(1/2)\sum_i n_i^*(\xi_i/n_i^*)^2$ となる．よって，$W_{\{n_i\}} \simeq W_{\{n_i^*\}}$ $\exp[-\frac{1}{2}\sum_i n_i^*((\xi_i/n_i^*))^2]$ となる．$\sum_i n_i^* = N$ であるので，$\xi_i/n_i^* \lesssim O(1/\sqrt{N})$ となる．すなわち，$W_{\{n_i\}}$ は，$\{n_i^*\}$ を中心として，鋭いピークをもった関数となっている．

4.3 N 個から n 個を選ぶ仕方は，$W(n) = N!/n!(N-n)!$ である．エントロピーは $S(n) = k_B \log W(n) \simeq k_B[N \log N - n \log n - (N-) \log(N-n)]$ である．n 個の空孔があるときのエネルギーは $E = nw$ である．$\partial S(n)/\partial E = 1/T$ の関係より，$1/T = (k_B/w)(\partial S(n)/\partial n) = (k_B/w)\log((N-n)/n)$. これより，$n = N/(\exp(w/k_BT) + 1)$ を得る.

第 5 章

5.1 上向きスピンの数を $N_+ = n$ とすると，下向きスピンの数は $N_= N - n$. このときの場合の数は，$W(n) = N!/n!(N-n)!$. エントロピーは，$k_B \log W(n) \simeq k_B[N \log N - n \log n - (N-n) \log(N-n)]$. $N_+ = (N+m)/2$, $N_- = (N-m)/2$ とおくと，

$$S = k_B[N \log N - \frac{N+m}{2} \log \frac{N+m}{2} - \frac{N-m}{2} \log \frac{Nm}{2}]$$

$$E = -\mu H(N_+ - N_-) = -\mu Hm, \ m = \mu(N_+ - N_-)$$

$$\frac{1}{T} = \frac{\partial S}{\partial E} = -\frac{1}{\mu H}\frac{\partial S}{\partial m} = \frac{k_B}{2\mu H}\log\frac{N+m}{N-m}$$

よって，$m = N \tanh(\mu H/k_BT)$, $M = N\mu \tanh(\mu H/k_BT)$, $E = -\mu mH = -N\mu H \tanh(\mu H/k_BT)$.

5.2 (a) スピン 1 個あたり，$E = -g_J\mu_B Hm$. よって，$Z_1 = \sum_{m=-J}^{J} e^{\beta g_J\mu_B Hm} = \sinh((2J+1)\beta g_J\mu_B H/2)/\sinh(\beta g_J\mu_B H/2)$, $Z = Z_1^N$. (b)$M = \partial \log Z/\partial(\beta H)$ だが，$x = \beta g_J\mu_B HJ$ とおくと，$M = Ng_J\mu_B J \ (\partial/\partial x)\log(\sinh((2J+1)x/2J) \ / \sinh(x/2J))$. $B_J(x) \equiv (\partial/\partial x)\log(\sinh((2J+1)x/2J)/\sinh(x/2J)) = ((2J+1)/2J) \coth((2J+1)/2J) - (1/2J) \coth(x/2J)$ とおくと，$x \to 0$ で $B_J(x) \to ((J+1)/3J)x$ なので，$\chi = \lim_{H\to0}(\partial M\partial H = J(J+1)/3N(\gamma_J\mu_B)^2/k_BT$. (c)$J = 1/2$ とすると，$B_{1/2}(x) = \tanh x$. ゆえに，$M = N\mu_B \tanh(\mu_B/k_BT)$, $\chi = N\mu_B^2/k_BT$. (d)$J \to \infty$, $g_J\mu_B J = \mu$ とすると，$B_J(x) \to \coth x - 1/x \equiv L(x)$(ランジュヴァン関数) で，$x \to 0$ で $L(x) \to x/3$. よって，$M = N\mu L(x) \to N\mu^2 H/3k_BT$. $\chi = N\mu^2/3k_BT = J^2 N(g_J\mu_B)^2/$

$3k_BT$. これは，(a) で $J(J+1) \to J^2$ としたものに等しい．1 がなくなったのは，$J \to \infty$ で量子効果がなくなったためで，次問の古典双極子と同じになる．

5.3 1 個の分子に対しては，重心運動と回転運動が分離できるので，$Z_1 = Z_{\mathrm{kin}} Z_{\mathrm{rot}}$ と書ける．

$$
\begin{aligned}
Z_{\mathrm{kin}} &= \frac{V}{h^3} \int \mathrm{d}\boldsymbol{p}\, e^{-\beta \boldsymbol{p}^2/2m} = V(2\pi m k_B T/h^2)^{3/2} \\
Z_{\mathrm{rot}} &= \frac{1}{h^2} \int_0^\pi \mathrm{d}\theta \int_0^{2\pi} \mathrm{d}\phi \int \mathrm{d}p_\theta \int \mathrm{d}p_\phi \exp[-\beta(p_\theta^2/2I + p_\phi^2/2I\sin^2\theta) \\
&\quad + \beta E\mu\cos\theta]
\end{aligned}
$$

(B.13)

となるが，$\mathrm{d}\theta$ 以外の積分は簡単にできて，$Z_{\mathrm{rot}} = (2\pi I k_B T/h^2) \int_0^\pi \mathrm{d}\theta \sin\theta\, e^{\beta R\mu\cos\theta}$ $= (2\pi I k_B T/h^2)(2/\beta E\mu)\sinh(\beta e\mu)$ となる．

$F = -k_B T(\log Z_{\mathrm{kin}} + \log Z_{\mathrm{rot}})$，分極 $P = -\partial F/\partial E = k_B T(\partial/\partial E)\log(\sinh(\beta E\mu)/E\mu) = k_B T[\beta\mu\coth(\beta E\mu) - k_B T/E\mu] = \mu L(E\mu/k_B T)$, $L(x) = \coth(x) - 1/x \to x/3 - x^3/45 + \cdots (x \to 0)$. すなわち，前問での $J \to \infty$ の場合と同じになる．N 個の分子では，$P = (N/V)(\mu^2 E/3k_B T)$. $D = \varepsilon E = \varepsilon_0 E + P = (\varepsilon_0 + (N/V)(\mu^2/3k_B T))$. よって，$\varepsilon = \varepsilon_0 + (N/V)(\mu^2/3k_B T)$.

5.4 (a) $Z = \int_{-Na}^{Na} \mathrm{d}x \sum_{\sigma_1 = \pm 1} \cdots \sum_{\sigma_N = \pm 1} \delta\left((x/a) - \sum_{i=1}^N \sigma_i\right) e^{\beta Xx} = (2\cosh\beta Xa)^N$. (b) $\langle x \rangle = \partial\log Z/\partial(\beta X) = Na\tanh\beta Xa \to (Na^2/k_B T)X(X \to 0)$. (c) エントロピー $S(x) = k_B\log W(x)$ が存在するため，自由エネルギーは $F = E - TS(x)$ となる．すなわち，たくさん折りたたまれた状態が，場合の数 $W(x)$ が大きく，エントロピーも大きい．その効果で，バネと同様に縮もうとする力が生ずる．

第 6 章

6.1 (a) $L = 100\,\mathrm{nm}$, L_z はマクロな長さとおく．エネルギー固有値は，$E_n = (\hbar^2/2m)[(\pi/L)^2(n_x^2 + n_y^2) + (\pi/L_z)^2 n_z^2]$ である．最後の項は細線の方向の 1 次元運動のエネルギーで，最初の 2 項が断面内の運動に関するエネルギーである．その最小励起エネルギーは $(n_x = 1, n_y = 0)$ または $(n_x = 0, n_y = 1)$ のときで，$\Delta E/k_B = (\hbar/2m)(\pi/L)^2 = 0.43\,\mathrm{K}$ となる．(b) 温度 $T \ll \Delta E/k_B = 0.43\,\mathrm{K}$. (c) 1 次元方向の運動については自由電子なので，スピンの向きも含めて，$2 \times 2k_F/(2\pi/L_z) = N$ となる．$N(\varepsilon) = (L_z/\pi)\sqrt{2m\varepsilon/\hbar^2}$, $D_1(\varepsilon) = \partial N/\partial\varepsilon = (L_z/2\pi)\sqrt{2m/\hbar^2\varepsilon}$ となる．

6.2 エネルギーが E 以下の状態の数は，スピンの向きも入れて $N(E) = 2\pi k^2/(2\pi/L)^2 = L^2 mE/2\pi\hbar^2$ となる．よって，単位面積あたりの状態密度 $D(E) = \partial N(E)/\partial E$ より，$\varepsilon > 0$ で $D(E) = m/\pi\hbar^2$（エネルギーによらない一定値であることに注意），$\varepsilon < 0$ で $D(E) = 0$ となる．電子比熱係数は $\gamma = (\pi^2/3)k_B^2 D(\mu_0)$ となる．

章末問題解答   177

6.3 $N = \int_0^\infty D(\varepsilon)f(\varepsilon)\mathrm{d}\varepsilon$ において，もし $\mu = $ 一定ならば，状態密度 $D(\varepsilon)$ が増加関数のとき，$\varepsilon > \mu$ の電子の増加分が $\varepsilon < \mu$ の電子の減少分を上まわり，N は増加してしまう．したがって，μ は減少させなければならない．逆の場合も同様に考える．

6.4 $E = \int_0^\infty \mathrm{d}\varepsilon D(\varepsilon)\varepsilon f(\varepsilon) = \int_0^\infty \mathrm{d}\varepsilon D(\varepsilon)[\mu + (\varepsilon - \mu)]f(\varepsilon) = \mu N + A\int_0^\infty \mathrm{d}\varepsilon(\varepsilon - \mu)^{\nu+1}f(\varepsilon)$．$C = \partial E/\partial T = \int_0^\infty \mathrm{d}\varepsilon D(\varepsilon)(\varepsilon - \mu)^{\nu+1}(\partial f(\varepsilon)/\partial T)$．$(\partial f(\varepsilon)/\partial T) = (\partial f(\varepsilon)/\partial(\beta\varepsilon))(\partial(\beta\varepsilon)/\partial T) = -((\varepsilon - \mu)/T)(\partial f(\varepsilon)/\partial\varepsilon)$．よって，$x = \beta(\varepsilon - \mu)$ とおくと，$C = Ak_\mathrm{B}(k_\mathrm{B}T)^{\nu+1}\int_{-\beta\mu}^\infty \mathrm{d}x|x|^{\nu+2}(-\partial f/\partial x) \propto T^{\nu+1}$．

6.5 これは有名な問題だが，[5] の説明が十分でない (答は合っている) ため，多くの学生が戸惑っている．ここに，正しい導出法を記す．[5] の欠点は，金属内部と外部の運動量の区別をはっきりとしていないことにある．そこで，内部での運動量・エネルギーを $\boldsymbol{p},\varepsilon_{\boldsymbol{p}}$，外部でのそれを $\tilde{\boldsymbol{p}},\varepsilon_{\tilde{\boldsymbol{p}}}$ とする．金属表面の外向き法線方向を x 軸の正の方向とする．$\mu + \phi \equiv w$ とおくと，エネルギー保存則は，$\varepsilon_{\boldsymbol{p}} - w = \varepsilon_{\tilde{\boldsymbol{p}}}$，すなわち，$(1/2m)(p_x^2 + p_y^2 + p_z^2) - w = (1/2m)(\tilde{p}_x^2 + \tilde{p}_y^2 + \tilde{p}_z^2)$ である．運動量保存則は，$p_y = \tilde{p}_y, p_z = \tilde{p}_z$ である．電子が外へ飛び出す条件は，$\varepsilon_{\tilde{\boldsymbol{p}}} > 0$ だが，上の式から，$(1/2m)p_x^2 - w = (1/2m)\tilde{p}_x^2 > 0$ であればよい．外へ流れる電流は，$I = (2e/V)\sum_{\boldsymbol{p}}(\tilde{p}_x/m)f(\varepsilon_{\boldsymbol{p}})$ で，$\boldsymbol{p}$ についての和は，$p_x > 0$，$\varepsilon_{\boldsymbol{p}} > w$ についてとる．変数をすべて外部の運動量で書くと，$I = (2e/V)\sum_{\tilde{\boldsymbol{p}}}(\tilde{p}_x/m)f(\varepsilon_{\tilde{\boldsymbol{p}}} + w)$ で，積分の条件は，$\tilde{p}_x > 0, \varepsilon_{\tilde{\boldsymbol{p}}} > 0$ となる．よって，

$$I = \frac{2e}{h^3}\int_0^\infty \mathrm{d}\tilde{p}_x \int_{-\infty}^\infty \mathrm{d}\tilde{p}_y \int_{-\infty}^\infty \mathrm{d}\tilde{p}_z \frac{\tilde{p}_x/m}{e^{\beta(\varepsilon_{\tilde{\boldsymbol{p}}} + w - \mu)} + 1}.$$

$\phi \gg k_\mathrm{B}T$ なので，$1/(\exp(\beta(\varepsilon_{\tilde{\boldsymbol{p}}} + w - \mu) + 1) \simeq \exp(-\beta(\varepsilon_{\tilde{\boldsymbol{p}}} + \phi))$ と近似して積分すれば，$I = (2e/mh^3)(m/\beta)(\sqrt{2\pi mk_\mathrm{B}T})^2 e^{-\phi/k_\mathrm{B}T} = (4\pi me/h^3)(k_\mathrm{B}T)^2 e^{-\phi/k_\mathrm{B}T}$ となる．

6.6 式 (6.95) で 2 次元電子系の状態密度 $D(\varepsilon) = $ 一定を代入すると，$\mu = 0$ で $N \propto \int_0^\infty \varepsilon^{-1}\mathrm{d}\varepsilon = \infty$ と，積分の下限で発散して無限大になる．すなわち，$\boldsymbol{k} = 0$ の状態を特別視しなくとも，無限個の粒子を収容することができるので，ボース–アインシュタイン凝縮を起こす必要がない．

第 7 章

7.1 2×2 の行列の固有値を求めるだけなので，省略．

7.2 テイラー展開するだけなので，省略．

7.3 (a) $\sigma_i\sigma_{i+1} = 1$ のとき，$\exp(K\sigma_i\sigma_{i+1}) = \exp(K) = \cosh(K) + \sinh(K)$，$\sigma_i\sigma_{i+1} = -1$ のとき，$\exp(K\sigma_i\sigma_{i+1}) = \exp(-K) = \cosh(K) - \sinh(K)$．よって，成り立つ．
(b) $\beta J = K$ と書くと，分配関数は，$Z_N = \sum_{\sigma_1}\cdots\sum_{\sigma_N}\prod_{i=1}^N \exp(K\sigma_i\sigma_{i+1}) = \sum_{\sigma_1}\cdots\sum_{\sigma_N}\prod_{i=1}^N[\cosh(K) + \sigma_i\sigma_{i+1}\sinh(K)]$．積を展開して

$\sigma_1 \cdots \sigma_N = \pm 1$ について和をとると，残るのは，$2^N \cosh^N(K)$ と $2^N \sinh^N(K)$ の項のみで，他は σ_i を奇数個含むので，$\sigma_i = \pm 1$ について和をとると 0 になる．$\cosh(K) \geq \sinh(K)$ なので，$N \to \infty$ で $Z_N \to (2\cosh(K))^2$. これは，式 (7.17) と一致する．

7.4 $\chi = (N\mu)^2/k_\mathrm{B}T$ となる．有効モーメントは $N\mu$ となる．

7.5 $H = 0$ のとき，$Z_N = (e^{\beta J} + e^{-\beta J})^N + (e^{\beta J} - e^{-\beta J})^N$ だが，$T \to 0$ で $Z_N \to e^{-N\beta J} + (-1)^N e^{-N\beta J}$ となる．よって，$N =$ 偶数のとき，$Z_N \to 2e^{-N\beta J}$，$N =$ 奇数のとき，$Z_N \to 2e^{N\beta J}$. よって，$T \to 0$ で，$N =$ 偶奇ともに，$F \to -k_\mathrm{B}T(\log 2 \pm N\beta J)$，$S = -\partial F/\partial T \to k_\mathrm{B}\log 2$. つまり，全体のスピンを一辺にひっくり返すエントロピーが残っていることを示す．現実には，$T = 0$ ではどちらかの向きが選ばれるはずである．

7.6 簡単なので省略．

7.7 テイラー展開するだけなので省略．

7.8 (a)$x = (T_c/T\langle\sigma\rangle$ とおき，$\langle\sigma\rangle = \tanh x = x - x^3/3 + 2/15x^4 + \cdots$ から，$x^2 = -3\varepsilon(1 - (6/5)\varepsilon + \cdots)$ と求まる．後はこれをエネルギーの式に代入して T で微分すればい．(b) 同様に C の一般式 (7.80) を x と $t = T/T_c = 1 + \varepsilon$ で表し，ε で展開すればよい．

7.9 $\partial F/\partial m = 2a\varepsilon m - 4bm^3 + 6cm^5 = 0$ より，$m(3c(m^2)^2 - 2bm^2 + a\varepsilon) = 0$. よって，停留点は，$m = \pm((b + \sqrt{b^2 - 3ac\varepsilon})/3c)^{1/2}, 0 \equiv \pm m_0, 0$. なお，根号の中の $b^2 - 3ac\varepsilon \geq 0$ すなわち，$\varepsilon \leq b^2/3ac$ が必要である．$\pm m_0$ は停留点であって，最小点ではない．そこで，$F(m_0)$ を計算すると，$F(m_0) = m_0^2(2a\varepsilon - bm_0^2)/3$ となる．これが $F(m_0) \leq 0$ となる温度で，$m = 0 \to \pm m_0$ と，1 次転移する (実際には，ヒステリシスが伴う)．その温度は，$\varepsilon = bm_0^2/2a = (b/2a)(b + \sqrt{b^2 - 3ac\varepsilon}/3c$. これを解いて，$\varepsilon = b^2/4ac$. これは，$\varepsilon \leq b^2/3ac$ の条件を満たしている．よって，1 次転移の温度は，$T_c = T_c^0 + (b^2/4ac)T_c^0 = T_c^0(1 + b^2/4ac) > T_c^0$ となる．

参 考 文 献

全体にわたっての参考書

統計力学の教科書は，現在入手可能なものだけでも，2桁はあると思われる．最近出た教科書と，以前から高い評価が定着しているものの中から，数冊紹介しよう．ただし，既存の教科書には，統計力学の基礎付けの部分について，多粒子系の量子力学と量子統計力学との関係について明快に説明しているものは存在しない．

[1] 田崎晴明：「統計力学 I，II」(培風館，2008).
　　この本は力作であるが，2冊本なので分量が多く，脚注が半ページ以上を占めているところが多数あるなど，初学者にはやや読みにくいかもしれない．

[2] 川勝年洋：「統計物理学」(朝倉書店，2008).
　　全体にバランスが取れていて，レイアウトも見やすく，講義に用いるのにも適している．

[3] グライナー，ナイゼ，シュテッカー：「熱力学・統計力学」(シュプリンガー・フェアラーク，1999)
　　分厚い，詳しい本で，読み通すのは大変であろうが，何かわからないことがあるときに参照するには便利である．

[4] ランダウ，リフシッツ：「統計物理学」(岩波書店，1957, 1966)
　　統計力学の基礎付けに関しては，以前から賛否ある本だが，独自の思想があちこちにちりばめられて，いまだに読む価値のある名著である．

[5] 久保亮五編：「大学演習　熱学・統計力学」(裳華房，1961, 1998)
　　膨大な量の演習問題が含まれているうえ，各章冒頭に，その章の要約が詳しく述べられているので，単なる演習書ではなく，教科書になっているともいえる名著である．

第2章

[6] 宮下精二「熱力学の基礎」(サイエンス社，1995) など．

[7] J. C. Maxwell: Phil. Mag., Jan.-Jul. (1860). 次の [8] に所収．

[8] 物理学史研究刊行会編：「物理学古典論文叢書5　気体分子運動論」(東海大学出版会，1970)

[9] L. Boltzmann: Wiener Berichte, **63** (1872) 275. 次の [10] に所収.

[10] 物理学史研究刊行会編：「物理学古典論文叢書6　統計力学」(東海大学出版会，1970).

第3章

[11] 小出正一郎「量子力学 (I)(II)」（裳華房，1990) など.

[12] 久保亮五編：「岩波講座　現代物理学の基礎　第5巻　統計物理学」（岩波書店，1972）

[13] R. P. Feynman: "Statistical Mechanics" (Benjamin, 1972). 邦訳：「ファインマン統計力学」（シュプリンガー・ジャパン，2009）.

[14] 町田茂：「量子論の新展開」（丸善，1986）

[15] 並木美喜雄：「量子力学入門」(岩波新書，1992)

[16] E. Schrödinger, Naturwissenschaften **23**（1935）807.

[17] 豊沢豊：「固体物理」第20巻，第4号，p.297.

[18] H. Everett III: Rev. Mod. Phys. **29** (1957) 454.

[19] A. O. Caldeira and A. J. Leggett: Phys. Rev. Lett. **46** (1981) 211.

第4章

[20] A. Einstein: Ann. Phys. **22** (1907) 180.

[21] L. Boltzmann: Wiener Berichte **76** (1877) 373. [10] に所収.

[22] 広重徹：「物理学史 II」(培風館，1968)

[23] W. ムーア：「シュレディンガー―その生涯と思想」（培風館，1995）

[24] E. Schrödinger: Ann. Phys. **79** (1926) 361.

[25] E. ブローダ：「ボルツマン」（みすず書房，1979）

第5章

[26] M. Planck: Verhandlungen der Deutschen Physikalischen Gesellschaft **2** (1900) 202. 下の [28] に所収.

参考文献 181

[27] M. Planck: Verhandlungen der Deutschen Physikalischen Gesellschaft **2** (1900) 237. 次の [28] に所収.

[28] 物理学史研究刊行会編：「物理学古典論文叢書 1　熱輻射と量子」(東海大学出版会，1970)

第6章

[29] A. Einstein: S. B. Preuss. Akad. Wiss. phys.-math. Klasse (1924) 261.

[30] ペシック，スミス：「ボーズ・アインシュタイン凝縮」(町田一成 訳，吉岡書店，2005) などを参照のこと.

第7章

[31] W. Heisenberg: Z. Phys. **49** (1928) 619.

[32] 芳田奎：「磁性」(岩波書店，1991).

[33] E. Ising: Doctor thesis (1924).

[34] L. Onsager: Phys Rev. **65** (1944) 117.

[35] T. D. Schultz, D. C. Mattis and E. H. Lieb: Rev. Mod. Phys. **36** (1964) 856.

[36] L. D. Landan and E. M. Lifshits: "Statistical Physics" (translated by Peierls and R. F. Peierls, Pergamon Press, 1940)

[37] V. L. Ginzburg: Uspekhi fiz. Nauk. **38** (1949) 490.

[38] 西森秀稔：「相転移・臨界現象の統計物理学」(培風館，2005).

索 引

イジング・スピン	132
イジング模型	132
1次元イジング模型	132
1次転移	128
1粒子の量子力学	15
ウィーンの輻射公式	78
ウィーンの変位則	77
XY模型	131
ガウス分布関数	4, 6
確率	2
観測者	29
観測量	16
規格直交完全系	22
期待値	16
軌道角運動量	91, 112, 129
軌道磁気モーメント	129
ギブスの自由エネルギー	127
ギブスの補正	44
キュリーの法則	92
行列表示	22
ギンツブルーランダウの理論	154
黒体輻射	76
古典統計	99
コペンハーゲン解釈	16

固有関数	17
固有値	17
混合状態	35
最大項の近似	47
時間に依存しないシュレーディンガー方程式	17
時間に依存するシュレーディンガー方程式	16
磁気モーメント	91, 112
自発的対称性の破れ	137, 142, 151
自由意志	31
自由エネルギー最小の原理	151
シュテファン–ボルツマンの法則	77
シュレーディンガー方程式	16
純粋状態	35
小正準集合	41
状態	17
状態密度	45
示量性	57
スケーリング理論	157
スターリングの公式	6
スピン角運動量	91, 112, 129
スピン磁気モーメント	129

索引

スレーター行列式	99
正規直交系	18
正規分布関数	4
正準集合	61
全世界	29
相	127
相転移	127
測定装置	30
ゾンマーフェルト係数	110
ゾンマーフェルト展開	108
大正準集合	95
大分配関数	96
多世界理論	39
多粒子系の量子力学	24
秩序変数	118
超伝導	129
超流動	119, 120
定常状態	18
デバイ温度	90
デバイ振動数	88
統計	1
統計演算子	33
等重率の仮定	42
等重率の原理	42
2次元イジング模型	137
2次転移	128
熱波長	116
ハイゼンベルク模型	130
パウリの帯磁率	114

パウリの排他律	98
波動関数の収縮	16
反強磁性体	131
反磁性	114
反証可能性	2
標準偏差	4
フェルミ・エネルギー	105
フェルミ温度	105
フェルミ–ディラック統計	99
フェルミ統計	99
フェルミ波数	105
フェルミ分布関数	101
フェルミ粒子	98
ブラ・ケット記法	21
プランクの輻射公式	82
分散	4
分子場近似	139
分配関数	63
平均	4
平均場近似	139
ヘルムホルツの自由エネルギー	64
ボーア磁子	91
ボース–アインシュタイン凝縮	117
ボース–アインシュタイン統計	99
ボース統計	99
ボース分布関数	101
ボース粒子	98
マクスウェル分布関数	12
密度行列	33
ランダウ反磁性	114

量子統計	99
量子力学	15
臨界温度	116
臨界指数	156
ルジャンドル変換	68
レイリー–ジーンズの法則	80
連続転移	118, 128

佐宗　哲郎（さそう　てつろう）

1951 年生
東京大学工学部卒業，東北大学理学研究科修了，理学博士
埼玉大学理学部教授を経て，現在，埼玉大学名誉教授
専門分野は物性理論
著書：「強相関電子系の物理」（日本評論社，2009）
　　　「パリティ物理教科書シリーズ　統計力学」（丸善，2010）など

多粒子系の量子力学から構築する 新しい統計力学

2019 年 6 月 3 日　第 1 刷発行

著　者　佐宗哲郎
発行人　大杉　剛
発行所　株式会社 風詠社
　　　〒553-0001　大阪市福島区海老江 5-2-2
　　　　　　　　　大拓ビル 5 - 7 階
　　　TEL 06（6136）8657　http://fueisha.com/
発売元　株式会社 星雲社
　　　〒112-0005　東京都文京区水道 1-3-30
　　　TEL 03（3868）3275
装幀　2 DAY
印刷・製本　シナノ印刷株式会社
©Tetsuro Saso 2019, Printed in Japan.
ISBN978-4-434-26048-3 C3042

乱丁・落丁本は風詠社宛にお送りください。お取り替えいたします。